建设工程预算员速查速算便携手册丛书

园林工程预算员

速查速算便携手册

（按规范 GB 50858—2013）

张 舟 王志红 编著

中国建筑工业出版社

图书在版编目（CIP）数据

园林工程预算员速查速算便携手册/张舟，王志红编著．—北京：中国建筑工业出版社，2013.10
（建设工程预算员速查速算便携手册丛书）
ISBN 978-7-112-15858-4

Ⅰ.①园… Ⅱ.①张… ②王… Ⅲ.①园林-工程施工-建筑预算定额-手册 Ⅳ.①TU986.3-62

中国版本图书馆 CIP 数据核字（2013）第 219437 号

建设工程预算员速查速算便携手册丛书
园林工程预算员速查速算便携手册
（按规范 GB 50858—2013）
张　舟　王志红　编著
*
中国建筑工业出版社出版、发行（北京西郊百万庄）
各地新华书店、建筑书店经销
北京千辰公司制版
北京富生印刷厂印刷
*
开本：850×1168 毫米　1/64　印张：5¼　插页：2　字数：200 千字
2013 年 12 月第一版　　2013 年 12 月第一次印刷
定价：**16.00** 元
ISBN 978-7-112-15858-4
（24586）

本书根据《园林绿化工程工程量计算规范》GB 50858—2013、《房屋建筑与装饰工程工程量计算规范》GB 50500—2013 编写。主要内容包括：园林工程清单计价计算规则和相关资料；常用面积、体积计算公式；建筑常用型材与理论重量表和园林常用材料体积重量计算表；常用混凝土、砂浆配合比速查表；与园林工程预算相关的资料。

本书供预算人员、园林人员、景观人员、审计人员、造价人员使用，也可供大中专院校师生参考。

* * *

责任编辑：郭　栋　岳建光　张　磊
责任设计：李志立
责任校对：张　颖　赵　颖

前　言

作为园林事业工作奋斗了几十年的我，常常在工作中为查找一些数据而必须准备很多必要的书籍，而且是单位准备一些，家里也要准备一些，就是这样也会时常因为准备的资料不全而查询不到必要的资料和数据，也时常为此产生烦恼。尤其是在这几十年中独立编制几百余项园林工程预算后，更是感觉编写一套园林预算工具书的必要。

为减少这样不必要的烦恼，我们主编了这本园林景观预算工具手册，它是在现行国家规范和规则的基础上编写的，涵盖了园林预算以及和预算工作的相关内容，不仅仅适用建设单位，监理单位、施工单位，也适用广大的在校学生和从事园林预算工作的广大工作者，可谓一册在手数据全有。希望此书能解决您日常查询的资料问题。

作为口袋书，在编写中力求做到全面和概括，但由于工程造价理论和实践在不断地发展创新，新的内容和问题不断地出现，加之受到主客观条件的限制，书的内容可能不尽完善，敬请广大读者提出宝贵建议和意见。

本书第一、三、四、五章由王志红编著，第二章由张舟编著。

目　录

第一章　园林工程清单计价计算规则和相关资料

第一节　园林工程工程量清单项目设置及工程量计算规则

园林工程量清单项目设置及工程量计算规则（表 1-1～表 1-2）。

1. 绿地整理

绿地整理(编码:050101) 表 1-1

项目编码	项目名称	项目特征	计量单位	工程量计算规则	工作内容
050101001	砍伐乔木	树干胸径	株	按数量计算	1. 砍伐 2. 废弃物运输 3. 场地清理
050101002	挖树根(蔸)	地径			1. 挖树根 2. 废弃物运输 3. 场地清理
050101003	砍挖灌木丛及根	丛高或蓬径	1. 株 2. m^2	1. 以株计量,按数量计算 2. 以平方米计量,按面积计算	1. 砍挖 2. 废弃物运输 3. 场地清理
050101004	砍挖竹及根	根盘直径	株(丛)	按数量计算	

续表

项目编码	项目名称	项目特征	计量单位	工程量计算规则	工作内容
050101005	砍挖芦苇（或其他水生植物）及根	根盘丛径	m^2	按面积计算	1. 砍挖 2. 废弃物运输 3. 场地清理
050101006	清除草皮	草皮种类			1. 除草 2. 废弃物运输 3. 场地清理
050101007	清除地被植物	植物种类			1. 清除植物 2. 废弃物运输 3. 场地清理
050101008	屋面清理	1. 屋面做法 2. 屋面高度		按设计图示尺寸以面积计算	1. 原屋面清扫 2. 废弃物运输 3. 场地清理

续表

项目编码	项目名称	项目特征	计量单位	工程量计算规则	工作内容
050101009	种植土回（换）填	1. 回填土质要求 2. 取土运距 3. 回填厚度 4. 弃土运距	1. m^3 2. 株	1. 以立方米计量，按设计图示回填面积乘以回填厚度以体积计算 2. 以株计量，按设计图示数量计算	1. 土方挖、运 2. 回填 3. 找平、找坡 4. 废弃物运输
050101010	整理绿化用地	1. 回填土质要求 2. 取土运距 3. 回填厚度 4. 找平找坡要求 5. 弃渣运距	m^2	按设计图示尺寸以面积计算	1. 排地表水 2. 土方挖、运 3. 耙细、过筛 4. 回填 5. 找平、找坡 6. 拍实 7. 废弃物运输

续表

项目编码	项目名称	项目特征	计量单位	工程量计算规则	工作内容
050101011	绿地起坡造型	1. 回填土质要求 2. 取土运距 3. 起坡平均高度	m^3	按设计图示尺寸以体积计算	1. 排地表水 2. 土方挖、运 3. 耙细、过筛 4. 回填 5. 找平、找坡 6. 废弃物运输
050101012	屋顶花园基底处理	1. 找平层厚度、砂浆种类、强度等级 2. 防水层种类、做法 3. 排水层厚度、材质 4. 过滤层厚度、材质 5. 回填轻质土厚度、种类	m^2	按设计图示尺寸以面积计算	1. 抹找平层 2. 防水层铺设 3. 排水层铺设 4. 过滤层铺设 5. 填轻质土壤 6. 阻根层铺设 7. 运输

续表

项目编码	项目名称	项目特征	计量单位	工程量计算规则	工作内容
050101012	屋顶花园基底处理	6. 屋面高度 7. 阻根层厚度、材质、做法	m^2	按设计图示尺寸以面积计算	1. 抹找平层 2. 防水层铺设 3. 排水层铺设 4. 过滤层铺设 5. 填轻质土壤 6. 阻根层铺设 7. 运输

注：整理绿化用地项目包含厚度≤300mm 回填土，厚度＞300mm 回填土，应按现行国家标准《房屋建筑与装饰工程工程量计算规范》GB 50854 相应项目编码列项。

2. 栽植花木

栽植花木（编码：050102） **表 1-2**

项目编码	项目名称	项目特征	计量单位	工程量计算规则	工作内容
050102001	栽植乔木	1. 种类 2. 胸径或干径 3. 株高、冠径 4. 起挖方式 5. 养护期	株	按设计图示数量计算	1. 起挖 2. 运输 3. 栽植 4. 养护
050102002	栽植灌木	1. 种类 2. 根盘直径 3. 冠丛高 4. 蓬径 5. 起挖方式 6. 养护期	1. 株 2. m^2	1. 以株计量，按设计图示数量计算 2. 以平方米计量，按设计图示尺寸以绿化水平投影面积计算	
050102003	栽植竹类	1. 竹种类 2. 竹胸径或根盘丛径 3. 养护期	株（丛）	按设计图示数量计算	

续表

项目编码	项目名称	项目特征	计量单位	工程量计算规则	工作内容
050102004	栽植棕榈类	1. 种类 2. 株高、地径 3. 养护期	株	按设计图示数量计算	1. 起挖 2. 运输 3. 栽植 4. 养护
050102005	栽植绿篱	1. 种类 2. 篱高 3. 行数、蓬径 4. 单位面积株数 5. 养护期	1. m 2. m^2	1. 以米计量，按设计图示长度以延长米计算 2. 以平方米计量，按设计图示尺寸以绿化水平投影面积计算	
050102006	栽植攀缘植物	1. 植物种类 2. 地径 3. 单位长度株数 4. 养护期	1. 株 2. m	1. 以株计量，按设计图示数量计算 2. 以米计量，按设计图示种植长度以延长米计算	

续表

项目编码	项目名称	项目特征	计量单位	工程量计算规则	工作内容
050102007	栽植色带	1. 苗木、花卉种类 2. 株高或蓬径 3. 单位面积株数 4. 养护期	m^2	按设计图示尺寸以绿化水平投影面积计算	1. 起挖 2. 运输 3. 栽植 4. 养护
050102008	栽植花卉	1. 花卉种类 2. 株高或蓬径 3. 单位面积株数 4. 养护期	1. 株（丛、缸） 2. m^2	1. 以株（丛、缸）计量，按设计图示数量计算 2. 以平方米计量，按设计图示尺寸以水平投影面积计算	

续表

项目编码	项目名称	项目特征	计量单位	工程量计算规则	工作内容
050102009	栽植水生植物	1. 植物种类 2. 株高或蓬径或芽数/株 3. 单位面积株数 4. 养护期	1. 株（丛、缸） 2. m^2	1. 以株（丛、缸）计量，按设计图示数量计算 2. 以平方米计量，按设计图示尺寸以水平投影面积计算	1. 起挖 2. 运输 3. 栽植 4. 养护
050102010	垂直墙体绿化种植	1. 植物种类 2. 生长年数或地（干）径 3. 栽植容器材质、规格 4. 栽植基质种类、厚度 5. 养护期	1. m^2 2. m	1. 以平方米计量，按设计图示尺寸以绿化水平投影面积计算 2. 以米计量，按设计图示种植长度以延长米计算	1. 起挖 2. 运输 3. 栽植容器安装 4. 栽植 5. 养护

续表

项目编码	项目名称	项目特征	计量单位	工程量计算规则	工作内容
050102011	花卉立体布置	1. 草本花卉种类 2. 高度或蓬径 3. 单位面积株数 4. 种植形式 5. 养护期	1. 单体（处） 2. m^2	1. 以单体（处）计量,按设计图示数量计算 2. 以平方米计量，按设计图示尺寸以面积计算	1. 起挖 2. 运输 3. 栽植 4. 养护
050102012	铺种草皮	1. 草皮种类 2. 铺种方式 3. 养护期	m^2	按设计图示尺寸以绿化投影面积计算	1. 起挖 2. 运输 3. 铺底砂(土) 4. 栽植 5. 养护
050102013	喷播植草(灌木)籽	1. 基层材料种类规格 2. 草（灌木）籽种类 3. 养护期			1. 基层处理 2. 坡地细整 3. 喷播 4. 覆盖 5. 养护

续表

项目编码	项目名称	项目特征	计量单位	工程量计算规则	工程内容
050102014	植草砖内植草	1. 草坪种类 2. 养护期	m^2	按设计图示尺寸以绿化投影面积计算	1. 起挖 2. 运输 3. 覆土(砂) 4. 铺设 5. 养护
050102015	挂网	1. 种类 2. 规格	m^2	按设计图示尺寸以挂网投影面积计算	1. 制作 2. 运输 3. 安放
050102016	箱/钵栽植	1. 箱/钵体材料品种 2. 箱/钵外型尺寸 3. 栽植植物种类、规格	个	按设计图示箱/钵数量计算	1. 制作 2. 运输 3. 安放 4. 栽植 5. 养护

续表

项目编码	项目名称	项目特征	计量单位	工程量计算规则	工作内容
050102016	箱/钵栽植	4. 土质要求 5. 防护材料种类 6. 养护期	个	按设计图示箱/钵数量计算	1. 制作 2. 运输 3. 安放 4. 栽植 5. 养护

注：1. 挖土外运、借土回填、挖（凿）土（石）方应包括在相关项目内。
2. 苗木计算应符合下列规定：
（1）胸径应为地表面向上1.2m高处树干直径。
（2）冠径又称冠幅，应为苗木冠丛垂直投影面的最大直径和最小直径之间的平均值。
（3）蓬径应为灌木、灌丛垂直投影面的直径。
（4）地径应为地表面向上0.1m高处树干直径。
（5）干径应为地表面向上0.3m高处树干直径。
（6）株高应为地表面至树顶端的高度。
（7）冠丛高应为地表面至乔（灌）木顶端的高度。
（8）篱高应为地表面至绿篱顶端的高度。
（9）养护期应为招标文件中要求苗木种植结束后承包人负责养护的时间。
3. 苗木移（假）植应按花木栽植相关项目单独编码列项。
4. 土球包裹材料、树体输液保湿及喷洒生根剂等费用包含在相应项目内。
5. 墙体绿化浇灌系统按"3. 绿地喷灌"相关项目单独编码列项。
6. 发包人如有成活率要求时，应在特征描述中加以描述。

3. 绿地喷灌

绿地喷灌（编码：050103） **表 1-3**

项目编码	项目名称	项目特征	计量单位	工程量计算规则	工作内容
050103001	喷灌管线安装	1. 管道品种、规格 2. 管件品种、规格 3. 管道固定方式 4. 防护材料种类 5. 油漆品种、刷漆遍数	m	按设计图示管道中心线长度以延长米计算，不扣除检查（阀门）井、阀门、管件及附件所占的长度	1. 管道铺设 2. 管道固筑 3. 水压试验 4. 刷防护材料、油漆

续表

项目编码	项目名称	项目特征	计量单位	工程量计算规则	工作内容
050103002	喷灌配件安装	1. 管道附件、阀门、喷头品种、规格 2. 管道附件、阀门、喷头固定方式 3. 防护材料种类 4. 油漆品种、刷漆遍数	个	按设计图示数量计算	1. 管道附件、阀门、喷头安装 2. 水压试验 3. 刷防护材料、油漆

注：1. 挖填土石方应按现行国家标准《房屋建筑与装饰工程工程量计算规范》GB 50854附录A相关项目编码列项。

2. 阀门井应按现行国家标准《市政工程工程量计算规范》GB 50857相关项目编码列项。

4. 园路、园桥工程

园路、园桥工程（编码：050201） 表 1-4

项目编码	项目名称	项目特征	计量单位	工程量计算规则	工作内容
050201001	园路	1. 路床土石类别 2. 垫屋厚度、宽度、材料种类 3. 路面厚度、宽度、材料种类 4. 砂浆强度等级	m^2	按设计图示尺寸以面积计算，不包括路牙	1. 路基、路床整理 2. 垫屋铺筑 3. 路面铺筑 4. 路面养护
050201002	踏（蹬）道			按设计图示尺寸以水平投影面积计算，不包括路牙	
050201003	路牙铺设	1. 垫屋厚度、材料种类 2. 路牙材料种类、规格 3. 砂浆强度等级	m	按设计图示尺寸以长度计算	1. 基层清理 2. 垫屋铺设 3. 路牙铺设

续表

项目编码	项目名称	项目特征	计量单位	工程量计算规则	工作内容
050201004	树池围牙、盖板（箅子）	1. 围牙材料种类、规格 2. 铺设方式 3. 盖板材料种类、规格	1. m 2. 套	1. 以米计量，按设计图示尺寸以长度计算 2. 以套计量，按设计图示数量计算	1. 清理基层 2. 围牙、盖板运输 3. 围牙、盖板铺设
050201005	嵌草砖（格）铺装	1. 垫层厚度 2. 铺设方式 3. 嵌草砖(格)品种、规格、颜色 4. 漏空部分填土要求	m^2	按设计图示尺寸以面积计算	1. 原土夯实 2. 垫层铺设 3. 铺砖 4. 填土

续表

项目编码	项目名称	项目特征	计量单位	工程量计算规则	工作内容
050201006	桥基础	1. 基础类型 2. 垫层及基础材料种类、规格 3. 砂浆强度等级	m^3	按设计图示尺寸以体积计算	1. 垫层铺筑 2. 起重架搭、拆 3. 基础砌筑 4. 砌石
050201007	石桥墩、石桥台	1. 石料种类、规格 2. 勾缝要求 3. 砂浆强度等级、配合比	m^3	按设计图示尺寸以体积计算	1. 石料加工 2. 起重架搭、拆 3. 墩、台、券石、券脸砌筑 4. 勾缝
050201008	拱券石	见下			
050201009	石券脸		m^2	按设计图示尺寸以面积计算	

续表

项目编码	项目名称	项目特征	计量单位	工程量计算规则	工作内容
050201010	金刚墙砌筑	1. 石料种类、规格 2. 券脸雕刻要求 3. 勾缝要求 4. 砂浆强度等级、配合比	m^3	按设计图示尺寸以体积计算	1. 石料加工 2. 起重架搭、拆 3. 砌石 4. 填土夯实
050201011	石桥面铺筑	1. 石料种类、规格 2. 找平层厚度、材料种类 3. 勾缝要求 4. 混凝土强度等级 5. 砂浆强度等级	m^2	按设计图示尺寸以面积计算	1. 石材加工 2. 抹找平层 3. 起重架搭、拆 4. 桥面、桥面踏步铺设 5. 勾缝

续表

项目编码	项目名称	项目特征	计量单位	工程量计算规则	工作内容
050201012	石桥面檐板	1. 石料种类、规格 2. 勾缝要求 3. 砂浆强度等级、配合比	m^2	按设计图示尺寸以面积计算	1. 石材加工 2. 檐板铺设 3. 铁锔、银锭安装 4. 勾缝
050201013	石汀步（步石、飞石）	1. 石料种类、规格 2. 砂浆强度等级、配合比	m^3	按设计图示尺寸以体积计算	1. 基层整理 2. 石材加工 3. 砂浆调运 4. 砌石
050201014	木制步桥	1. 桥宽度 2. 桥长度 3. 木材种类 4. 各部位截面长度 5. 防护材料种类	m^2	按桥面板设计图示尺寸以面积计算	1. 木桩加工 2. 打木桩基础 3. 木梁、木桥板、木桥栏杆、木扶手制作、安装 4. 连接铁件、螺栓安装 5. 刷防护材料

续表

项目编码	项目名称	项目特征	计量单位	工程量计算规则	工作内容
050201015	栈道	1. 栈道宽度 2. 支架材料种类 3. 面层材料种类 4. 防护材料种类	m^2	按栈道面板设计图示尺寸以面积计算	1. 凿洞 2. 安装支架 3. 铺设面板 4. 刷防护材料

注：1. 园路、园桥工程的挖土方、开凿石方、回填等应按现行国家标准《市政工程工程量计算规范》GB 50857 相关项目编码列项。

2. 如遇某些构配件使用钢筋混凝土或金属构件时，应按现行国家标准《房屋建筑与装饰工程工程量计算规范》GB 50854 或《市政工程工程量计算规范》GB 50857 相关项目编码列项。

3. 地伏石、石望柱、石栏杆、石拦板、扶手、撑鼓等应按现行国家标准《仿古建筑工程工程量计算规范》GB 50855 相关项目编码列项。

4. 亲水（水）码头各分部分项项目按照园桥相应项目编码列项。
5. 台阶项目应按现行国家标准《房屋建筑与装饰工程工程量计算规范》GB 50854 相关项目编码列项。
6. 混合类构件园桥应按现行国家标准《房屋建筑与装饰工程工程量计算规范》GB 50854 或《通用安装工程工程量计算规范》GB 50856 相关项目编码列项。

5. 驳岸、护岸

驳岸、护岸（编码：050202） **表 1-5**

项目编码	项目名称	项目特征	计量单位	工程量计算规则	工作内容
050202001	石（卵石）砌驳岸	1. 石料种类、规格 2. 驳岸截面、长度 3. 勾缝要求 4. 砂浆强度等级、配合比	1. m^3 2. t	1. 以立方米计量，按设计图示尺寸以体积计算 2. 以吨计量，按质量计算	1. 石料加工 2. 砌石（卵石） 3. 勾缝

续表

项目编码	项目名称	项目特征	计量单位	工程量计算规则	工作内容
050202002	原木桩驳岸	1. 木材料种类 2. 桩直径 3. 桩单根长度 4. 防护材料种类	1. m 2. 根	1. 以米计量，按设计图示桩长（包括桩尖）计算 2. 以根计量，按设计图示数量计算	1. 木桩加工 2. 打木桩 3. 刷防护材料
050202003	满（散）铺砂卵石护岸（自然护岸）	1. 护岸平均宽度 2. 粗细砂比例 3. 卵石粒径	1. m^2 2. t	1. 以平方米计量，按设计图示尺寸以护岸展开面积计算 2. 以吨计量，按卵石使用质量计算	1. 修边坡 2. 铺卵石
050202004	点（散）布大卵石	1. 大卵石粒径 2. 数量	1. 块（个） 2. t	1. 以块（个）计量，按设计图示数量计算 2. 以吨计量，按卵石使用质量计算	1. 布石 2. 安砌 3. 成型

续表

项目编码	项目名称	项目特征	计量单位	工程量计算规则	工作内容
050202005	框格花木护岸	1. 展开宽度 2. 护坡材质 3. 框格种类与规格	m^2	按设计图示尺寸展开宽度乘以长度以面积计算	1. 修边坡 2. 安放框格

注：1. 驳岸工程的挖土方、开凿石方、回填等应按现行国家标准《房屋建筑与装饰工程工程量计算规范》GB 50854 附录 A 相关项目编码列项。

2. 本桩钎（梅花桩）按原木桩驳岸项目单独编码列项。

3. 钢筋混凝土仿木桩驳岸，其钢筋混凝土及表面装饰应按现行国家标准《房屋建筑与装饰工程工程量计算规范》GB 50854 相关项目编码列项，若表面“塑松皮”按本书“园林景观工程”相关项目编码列项。

4. 框格花木护岸的铺草皮、撒草籽等应按本书“绿化工程”相关项目编码列项。

6. 堆塑假山

堆塑假山（编码：050301） **表 1-6**

项目编码	项目名称	项目特征	计量单位	工程量计算规则	工作内容
050301001	堆筑土山丘	1. 土丘高度 2. 土丘坡度要求 3. 土丘底外接矩形面积	m^3	按设计图示山丘水平投影外接矩形面积乘以高度的 1/3 以体积计算	1. 取土、运土 2. 堆砌、夯实 3. 修整
050301002	堆砌石假山	1. 堆砌高度 2. 石料种类、单块重量 3. 混凝土强度等级 4. 砂浆强度等级、配合比	t	按设计图示尺寸以质量计算	1. 选料 2. 起重机搭、拆 3. 堆砌、修整

续表

项目编码	项目名称	项目特征	计量单位	工程量计算规则	工作内容
050301003	塑假山	1. 假山高度 2. 骨架材料种类、规格 3. 山皮料种类 4. 混凝土强度等级 5. 砂浆强度等级、配合比 6. 防护材料种类	m^2	按设计图示尺寸以展开面积计算	1. 骨架制作 2. 假山胎模制作 3. 塑假山 4. 山皮料安装 5. 刷防护材料
050301004	石笋	1. 石笋高度 2. 石笋材料种类 3. 砂浆强度等级、配合比	支	1. 以块（支、个）计量，按设计图示数量计算 2. 以吨计量，按设计图示石料质量计算	1. 选石料 2. 石笋安装

续表

项目编码	项目名称	项目特征	计量单位	工程量计算规则	工作内容
050301005	点风景石	1. 石料种类 2. 石料规格、重量 3. 砂浆配合比	1. 块 2. t	1. 以块(支、个)计量,按设计图示数量计算 2. 以吨计量,按设计图示石料质量计算	1. 选石料 2. 起重架搭、拆 3. 点石
050301006	池、盆景置石	1. 底盘种类 2. 山石高度 3. 山石种类 4. 混凝土砂浆强度等级 5. 砂浆强度等级、配合比	1. 座 2. 个	1. 以块(支、个)计量,按设计图示数量计算 2. 以吨计量,按设计图示石料质量计算	1. 底盘制作、安装 2. 池、盆景山石安装、砌筑

续表

项目编码	项目名称	项目特征	计量单位	工程量计算规则	工作内容
050301007	山(卵)石护角	1. 石料种类、规格 2. 砂浆配合比	m^3	按设计图示尺寸以体积计算	1. 石料加工 2. 砌石
050301008	山坡(卵)石台阶	1. 石料种类、规格 2. 台阶坡度 3. 砂浆强度等级	m^2	按设计图示尺寸以水平投影面积计算	1. 选石料 2. 台阶砌筑

注：1. 假山（堆筑土山丘除外）工程的挖土方、开凿石方、回填等应按现行国家标准《房屋建筑与装饰工程工程量计算规范》GB 50854 相关项目编码列项。
2. 如遇某些构配件使用钢筋混凝土或金属构件时，应按现行国家标准《房屋建筑与装饰工程工程量计算规范》GB 50854 或《市政工程工程量计算规范》GB 50857 相关项目编码列项。
3. 散铺河滩石按点风景石项目单独编码列项。
4. 堆筑土山丘，适用于夯填、堆筑而成。

7. 原木、竹构件

原木、竹构件(编码:050302)　　表 1-7

项目编码	项目名称	项目特征	计量单位	工程量计算规则	工作内容
050302001	原木（带树皮）柱、梁、檩、椽	1. 原木种类 2. 原木直(梢)径(不含树皮厚度) 3. 墙龙骨材料种类、规格 4. 墙底层材料种类、规格 5. 构件联结方式 6. 防护材料种类	m	按设计图示尺寸以长度计算（包括榫长）	1. 构件制作 2. 构件安装 3. 刷防护材料
050302002	原木（带树皮）墙		m^2	按设计图示尺寸以面积计算（不包括柱、梁）	
050302003	树枝吊挂楣子			按设计图示尺寸以框外围面积计算	

续表

项目编码	项目名称	项目特征	计量单位	工程量计算规则	工作内容
050302004	竹柱、梁、檩、椽	1. 竹种类 2. 竹直(梢)径 3. 连接方式 4. 防护材料种类	m	按设计图示尺寸以长度计算	1. 构件制作 2. 构件安装 3. 刷防护材料
050302005	竹编墙	1. 竹种类 2. 墙龙骨材料种类、规格 3. 墙底层材料种类、规格 4. 防护材料种类	m^2	按设计图示尺寸以面积计算（不包括柱、梁）	
050302006	竹吊挂楣子	1. 竹种类 2. 竹梢径 3. 防护材料种类		按设计图示尺寸以框外围面积计算	

注：1. 木构件连接方式应包括：开榫连接、铁件连接、扒钉连接、铁钉连接。
2. 竹构件连接方式应包括：竹钉固定、竹篾绑扎、铁丝连接。

8. 亭廊屋面

亭廊屋面（编码：050303） 表 1-8

项目编码	项目名称	项目特征	计量单位	工程量计算规则	工作内容
050303001	草屋面	1. 屋面坡度 2. 铺草种类 3. 竹材种类 4. 防护材料种类	m^2	按设计图示尺寸以斜面计算	1. 整理、选料 2. 屋面铺设 3. 刷防护材料
050303002	竹屋面			按设计图示尺寸以实铺面积计算（不包括柱、梁）	
050303003	树皮屋面			按设计图示尺寸以屋面结构外围面积计算	
050303004	油毡瓦屋面	1. 冷底子油品种 2. 冷底子油涂刷遍数 3. 油毡瓦颜色规格		按设计图示尺寸以斜面计算	1. 清理基层 2. 材料裁接 3. 刷油 4. 铺设

续表

项目编码	项目名称	项目特征	计量单位	工程量计算规则	工作内容
050303005	预制混凝土穹顶	1. 穹顶弧长、直径 2. 肋截面尺寸 3. 板厚 4. 混凝土强度等级 5. 拉杆材质、规格	m^3	按设计图示尺寸以体积计算。混凝土脊和穹顶的肋、基梁并入屋面体积	1. 模板制作、运输、安装、拆除、保养 2. 混凝土制作、运输、浇筑、振捣、养护 3. 构件运输、安装 4. 砂浆制作、运输 5. 接头灌缝、养护

续表

项目编码	项目名称	项目特征	计量单位	工程量计算规则	工作内容
050303006	彩色压型钢板(夹芯板)攒尖亭屋面板	1. 屋面坡度 2. 穹顶弧长、直径 3. 彩色压型钢(夹芯)板品种、规格 4. 拉杆材质、规格 5. 嵌缝材料种类 6. 防护材料种类	m^2	按设计图示尺寸以实铺面积计算	1. 压型板安装 2. 护角、包角、泛水安装 3. 嵌缝 4. 刷防护材料
050303007	彩色压型钢板(夹芯板)穹顶				
050303008	玻璃屋面	1. 屋面坡度 2. 龙骨材质、规格 3. 玻璃材质、规格 4. 防护材料种类			1. 制作 2. 运输 3. 安装

续表

项目编码	项目名称	项目特征	计量单位	工程量计算规则	工作内容
050303009	木(防腐木)屋面	1. 木(防腐木)种类 2. 防护层处理	m^2	按设计图示尺寸以实铺面积计算	1. 制作 2. 运输 3. 安装

注：1. 柱顶石（磉磴石）、钢筋混凝土屋面板、钢筋混凝土亭屋面板、木柱、木屋架、钢柱、钢屋架、屋面木基层和防水层等，应按现行国家标准《房屋建筑与装饰工程工程量计算规范》GB 50854 中相关项目编码列项。

2. 膜结构的亭、廊，应按现行国家标准《仿古建筑工程工程量计算规范》GB 50855 及《房屋建筑与装饰工程工程量计算规范》GB 50854 中相关项目编码列项。

3. 竹构件连接方式应包括：竹钉固定、竹篾绑扎、铁丝连接。

9. 花架

花架（编码：050304） **表 1-9**

项目编码	项目名称	项目特征	计量单位	工程量计算规则	工作内容
050304001	现浇混凝土花架柱、梁	1. 柱截面、高度、根数、 2. 盖梁截面、高度、根数 3. 连系梁截面、高度、根数 4. 混凝土强度等级	m^3	按设计图示尺寸以体积计算	1. 模板制作、运输、安装、拆除、保养 2. 混凝土制作、运输、浇筑、振捣、养护
050304002	预制混凝土花架柱、梁	1. 柱截面、高度、根数 2. 盖梁截面、高度、根数 3. 连系梁截面、高度、根数 4. 混凝土强度等级 5. 砂浆配合比			1. 模板制作、运输、安装、拆除、保养 2. 混凝土制作、运输、浇筑、振捣、养护 3. 构件运输、安装 4. 砂浆制作、运输 5. 接头灌缝、养护

续表

项目编码	项目名称	项目特征	计量单位	工程量计算规则	工作内容
050304003	金属花架柱、梁	1. 钢材品种、规格 2. 柱、梁截面 3. 油漆品种、刷漆遍数	t	按设计图示尺寸以质量计算	1. 制作、运输 2. 安装 3. 油漆
050304004	木花架柱、梁	1. 木材种类 2. 柱、梁截面 3. 连接方式 4. 防护材料种类	m^3	按设计图示截面乘长度（包括榫长）以体积计算	1. 构件制作、运输、安装 2. 刷防护材料、油漆

续表

项目编码	项目名称	项目特征	计量单位	工程量计算规则	工作内容
050304005	竹花架柱、梁	1. 竹种类 2. 竹胸径 3. 油漆品种、刷漆遍数	1. m 2. 根	1. 以长度计量，按设计图示花架构件尺寸以延长米计算 2. 以根计量，按设计图示花架柱、梁数量计算	1. 制作 2. 运输 3. 安装 4. 油漆

注：花架基础、玻璃天棚、表面装饰及涂料项目应按现行国家标准《房屋建筑与装饰工程工程量计算规范》GB 50854 中相关项目编码列项。

10. 园林桌椅

园林桌椅（编码：050305） **表 1-10**

项目编码	项目名称	项目特征	计量单位	工程量计算规则	工作内容
050305001	预制钢筋混凝土飞来椅	1. 座凳面厚度、宽度 2. 靠背扶手截面 3. 靠背截面 4. 座凳楣子形状、尺寸 5. 混凝土强度等级 6. 砂浆配合比	m	按设计图示尺寸以座凳面中心线长度计算	1. 模板制作、运输、安装、拆除、保养 2. 混凝土制作、运输、浇筑、振捣、养护 3. 构件运输、安装 4. 砂浆制作、运输、抹面、养护 5. 接头灌缝、养护

续表

项目编码	项目名称	项目特征	计量单位	工程量计算规则	工作内容
050305002	水磨石飞来椅	1. 座凳面厚度、宽度 2. 靠背扶手截面 3. 靠背截面 4. 座凳楣子形状、尺寸 5. 砂浆配合比	m	按设计图示尺寸以座凳面中心线长度计算	1. 砂浆制作、运输 2. 制作 3. 运输 4. 安装
050305003	竹制飞来椅	1. 竹材种类 2. 座凳面厚度、宽度 3. 靠背扶手截面 4. 靠背截面 5. 座凳楣子形状 6. 铁件尺寸、厚度 7. 防护材料种类			1. 座凳面、靠背扶手、靠背、楣子制作、安装 2. 铁件安装 3. 刷防护材料

续表

项目编码	项目名称	项目特征	计量单位	工程量计算规则	工作内容
050305004	现浇混凝土桌凳	1. 桌凳形状 2. 基础尺寸、埋设深度 3. 桌面尺寸、支墩高度 4. 凳面尺寸、支墩高度 5. 混凝土强度等级、砂浆配合比	个	按设计图示数量计算	1. 模板制作、运输、安装、拆除、保养 2. 混凝土制作、运输、浇筑、振捣、养护 3. 砂浆制作、运输
050305005	预制混凝土桌凳	1. 桌凳形状 2. 基础形状、尺寸、埋设深度 3. 桌面形状、尺寸、支墩高度 4. 凳面尺寸、支墩高度 5. 混凝土强度等级 6. 砂浆配合比	个	按设计图示数量计算	1. 模板制作、运输、安装、拆除、保养 2. 混凝土制作、运输、浇筑、振捣、养护 3. 构件运输、安装 4. 砂浆制作、运输 5. 接头灌缝、养护

续表

项目编码	项目名称	项目特征	计量单位	工程量计算规则	工作内容
050305006	石桌石凳	1. 石材种类 2. 基础形状、尺寸、埋设深度 3. 桌面形状、尺寸、支墩高度 4. 凳面尺寸、支墩高度 5. 混凝土强度等级 6. 砂浆配合比	个	按设计图示数量计算	1. 土方挖运 2. 桌凳制作 3. 桌凳运输 4. 桌凳安装 5. 砂浆制作、运输
050305007	水磨石桌凳	1. 基础形状、尺寸、埋设深度 2. 桌面形状、尺寸、支墩高度 3. 凳面尺寸、支墩高度 4. 混凝土强度等级 5. 砂浆配合比			1. 桌凳制作 2. 桌凳运输 3. 桌凳安装 4. 砂浆制作、运输

续表

项目编码	项目名称	项目特征	计量单位	工程量计算规则	工作内容
050305008	塑树根桌凳	1. 桌凳直径 2. 桌凳高度 3. 砖石种类 4. 砂浆强度等级、配合比 5. 颜料品种、颜色	个	按设计图示数量计算	1. 砂浆制作、运输 2. 砖石砌筑 3. 塑树皮 4. 绘制木纹
050305009	塑树节椅				
050305010	塑料、铁艺、金属椅	1. 木座板面截面 2. 座椅规格、颜色 3. 混凝土强度等级 4. 防护材料种类			1. 制作 2. 安装 3. 刷防护材料

注：木制飞来椅按现行国家标准《仿古建筑工程工程量计算规范》GB 50855 相关项目编码列项。

11. 喷泉安装

喷泉安装（编码：050306） 表 1-11

项目编码	项目名称	项目特征	计量单位	工程量计算规则	工作内容
050306001	喷泉管道	1. 管材、管件、阀门、喷头品种 2. 管道固定方式 3. 防护材料种类	m	按设计图示管道中心线长度以延长米计算，不扣除检查（阀门）井、阀门、管件及附件所占的长度	1. 土（石）方挖运 2. 管材、管件、阀门、喷头安装 3. 刷防护材料 4. 回填
050306002	喷泉电缆	1. 保护管品种、规格 2. 电缆品种、规格		按设计图示单根电缆长度以延长米计算	1. 土（石）方挖运 2. 电缆保护管安装 3. 电缆敷设 4. 回填

续表

项目编码	项目名称	项目特征	计量单位	工程量计算规则	工作内容
050306003	水下艺术装饰灯具	1. 灯具品种、规格 2. 灯光颜色	套	按设计图示数量计算	1. 灯具安装 2. 支架制作、运输、安装
050306004	电气控制柜	1. 规格、型号 2. 安装方式	台		1. 电气控制柜(箱)安装 2. 系统调试
050306005	喷泉设备	1. 设备品种 2. 设备规格、型号 3. 防护网品种、规格			1. 设备安装 2. 系统调试 3. 防护网安装

注：1. 喷泉水池应按现行国家标准《房屋建筑与装饰工程工程量计算规范》GB 50854 中相关项目编码列项。

2. 管架项目应按现行国家标准《房屋建筑与装饰工程工程量计算规范》GB 50854 中钢支架项目单独编码列项。

12. 杂项

杂项（编码：050307） **表 1-12**

项目编码	项目名称	项目特征	计量单位	工程量计算规则	工作内容
050307001	石灯	1. 石料种类 2. 石灯最大截面 3. 石灯高度 4. 砂浆配合比	个	按设计图示数量计算	1. 制作 2. 安装
050307002	石球	1. 石料种类 2. 球体直径 3. 砂浆配合比			
050307003	塑仿石音箱	1. 音箱石内空尺寸 2. 铁丝型号 3. 砂浆配合比 4. 水泥漆颜色			1. 胎模制作、安装 2. 铁丝网制作、安装 3. 砂浆制作、运输 4. 喷水泥漆 5. 埋置仿石音箱

续表

项目编码	项目名称	项目特征	计量单位	工程量计算规则	工作内容
050307004	塑树皮梁、柱	1. 塑树种类 2. 塑竹种类 3. 砂浆配合比 4. 喷字规格、颜色 5. 油漆品种、颜色	1. m^2 2. m	1. 以平方米计量，按设计图示尺寸以梁柱外表面积计算 2. 以米计量，按设计图示尺寸以构件长度计算	1. 灰塑 2. 刷涂颜料
050307005	塑竹梁、柱				
050307006	铁芯栏杆	1. 铁芯栏杆高度 2. 铁芯栏杆单位长度重量 3. 防护材料种类	m	按设计图示尺寸以长度计算	1. 铁艺栏杆安装 2. 刷防护材料
050307007	塑料栏杆	1. 栏杆高度 2. 塑料种类			1. 下料 2. 安装 3. 校正

续表

项目编码	项目名称	项目特征	计量单位	工程量计算规则	工作内容
050307008	钢筋混凝土艺术围栏	1. 围栏高度 2. 混凝土强度等级 3. 表面涂敷材料种类	1. m^2 2. m	1. 以平方米计量，按设计图示尺寸以面积计算 2. 以米计量，按设计图示尺寸以延长米计算	1. 制作 2. 运输 3. 安装 4. 砂浆制作、运输 5. 接头灌缝、养护
050307009	标志牌	1. 材料种类、规格 2. 镌字规格、种类 3. 喷字规格、颜色 4. 油漆品种、颜色	个	按设计图示数量计算	1. 选料 2. 标志牌制作 3. 雕凿 4. 镌字、喷字 5. 运输、安装 6. 刷油漆

续表

项目编码	项目名称	项目特征	计量单位	工程量计算规则	工作内容
050307010	景墙	1. 土质类别 2. 垫层材料种类 3. 基础材料种类、规格 4. 墙体材料种类、规格 5. 墙体厚度 6. 混凝土、砂浆强度等级、配合比 7. 饰面材料种类	1. m^3 2. 段	1. 以立方米计量，按设计图示尺寸以体积计算 2. 以段计量，按设计图示尺寸以数量计算	1. 土（石）方挖运 2. 垫层、基础铺设 3. 墙体砌筑 4. 面层铺贴
050307011	景窗	1. 景窗材料品种、规格 2. 混凝土强度等级 3. 砂浆强度等级、配合比 4. 涂刷材料品种	m^2	按设计图示尺寸以面积计算	1. 制作 2. 运输 3. 砌筑安放 4. 勾缝 5. 表面涂刷

续表

项目编码	项目名称	项目特征	计量单位	工程量计算规则	工作内容
050307012	花饰	1. 花饰材料品种、规格 2. 砂浆配合比 3. 涂刷材料品种			
050307013	博古架	1. 博古架材料品种、规格 2. 混凝土强度等级 3. 砂浆配合比 4. 涂刷材料品种	1. m^2 2. m 3. 个	1. 以平方米计量，按设计图示尺寸以面积计算 2. 以米计量，按设计图示尺寸以延长米计算 3. 以个计量，按设计图示数量计算	1. 制作 2. 运输 3. 砌筑安放 4. 勾缝 5. 表面涂刷
050307014	花盆（坛、箱）	1. 花盆（坛）的材质及类型 2. 规格尺寸 3. 混凝土强度等级 4. 砂浆配合比	个	按设计图示尺寸以数量计算	1. 制作 2. 运输 3. 安放

续表

项目编码	项目名称	项目特征	计量单位	工程量计算规则	工作内容
050307015	摆花	1. 花盆(钵)的材质及类型 2. 花卉品种与规格	1. m^2 2. 个	1. 以平方米计量，按设计图示尺寸以水平投影面积计算 2. 以个计量，按设计图示数量计算	1. 搬运 2. 安放 3. 养护 4. 撤收
050307016	花池	1. 土质类别 2. 池壁材料种类、规格 3. 混凝土、砂浆强度等级、配合比 4. 饰面材料种类	1. m^3 2. m 3. 个	1. 以立方米计量，按设计图示尺寸以体积计算 2. 以米计量，按设计图示尺寸以池壁中心线外延长米计算 3. 以个计量，按设计图示数量计算	1. 垫层铺设 2. 基础砌(浇)筑 3. 墙体砌(浇)筑 4. 面层铺贴

续表

项目编码	项目名称	项目特征	计量单位	工程量计算规则	工作内容
050307017	垃圾箱	1. 垃圾箱材质 2. 规格尺寸 3. 混凝土强度等级 4. 砂浆配合比	个	按设计图示尺寸以数量计算	1. 制作 2. 运输 3. 安放
050307018	砖石砌小摆设	1. 砖种类、规格 2. 石种类、规格 3. 砂浆强度等级、配合比 4. 石表面加工要求 5. 勾缝要求	1. m^3 2. 个	1. 以立方米计量，按设计图示尺寸以体积计算 2. 以个计量，按设计图示尺寸以数量计算	1. 砂浆制作、运输 2. 砌砖、石 3. 抹面、养护 4. 勾缝 5. 石表面加工

续表

项目编码	项目名称	项目特征	计量单位	工程量计算规则	工作内容
050307019	其他景观小摆设	1. 名称及材质 2. 规格尺寸	个	按设计图示尺寸以数量计算	1. 制作 2. 运输 3. 安装
050307020	柔性水池	1. 水池深度 2. 防水（漏）材料品种	m^2	按设计图示尺寸以水平投影面积计算	1. 清理基层 2. 材料裁接 3. 铺设

注：砌筑果皮箱，放置盆景的须弥座等，应按砖石砌小摆设项目编码列项。

13. 脚手架工程

脚手架工程（编码：050401） **表 1-13**

项目编码	项目名称	项目特征	计量单位	工程量计算规则	工作内容
050401001	砌筑脚手架	1. 搭设方式 2. 墙体高度	m^2	按墙的长度乘墙的高度以面积计算（硬山建筑山墙高算至山尖）。独立砖石柱高度在 3.6m 以内时，以柱结构周长乘以柱高计算，独立砖石柱高度在 3.6m 以上时，以柱结构周长加 3.6m 乘以柱高计算 凡砌筑高度在 1.5m 及以上的砌体，应计算脚手架	1. 场内、场外材料搬运 2. 搭、拆脚手架、斜道、上料平台 3. 铺设安全网 4. 拆除脚手架后材料分类堆放

续表

项目编码	项目名称	项目特征	计量单位	工程量计算规则	工作内容
050401002	抹灰脚手架	1. 搭设方式 2. 墙体高度	m^2	按抹灰墙面的长度乘高度以面积计算（硬山建筑山墙高算至山尖）。独立砖石柱高度在3.6m以内时，以柱结构周长乘以柱高计算，独立砖石柱高度在3.6m以上时，以柱结构周长加3.6m乘以柱高计算	1. 场内、场外材料搬运 2. 搭、拆脚手架、斜道、上料平台 3. 铺设安全网 4. 拆除脚手架后材料分类堆放
050401003	亭脚手架	1. 搭设方式 2. 檐口高度	1. 座 2. m^2	1. 以座计量，按设计图示数量计算 2. 以平方米计量，按建筑面积计算	

续表

项目编码	项目名称	项目特征	计量单位	工程量计算规则	工作内容
050401004	满堂脚手架	1. 搭设方式 2. 施工面高度	m^2	按搭设的地面主墙间尺寸以面积计算	1. 场内、场外材料搬运 2. 搭、拆脚手架、斜道、上料平台 3. 铺设安全网 4. 拆除脚手架后材料分类堆放
050401005	堆砌（塑）假山脚手架	1. 搭设方式 2. 假山高度		按外围水平投影最大矩形面积计算	
050401006	桥身脚手架	1. 搭设方式 2. 桥身高度		按桥基础底面至桥面平均高度乘以河道两侧宽度以面积计算	
050401007	斜道	斜道高度	座	按搭设数量计算	

14. 模板工程

模板工程（编码：050402） 表 1-14

项目编码	项目名称	项目特征	计量单位	工程量计算规则	工作内容
050402001	现浇混凝土垫层	厚度	m^2	按混凝土与模板的接触面积计算	1. 制作 2. 安装 3. 拆除 4. 清理 5. 刷隔离剂 6. 材料运输
050402002	现浇混凝土路面				
050402003	现浇混凝土路牙、树池围牙	高度			
050402004	现浇混凝土花架柱	断面尺寸			
050402005	现浇混凝土花架梁	1. 断面尺寸 2. 梁底高度			

续表

项目编码	项目名称	项目特征	计量单位	工程量计算规则	工作内容
050402006	现浇混凝土花池	池壁断面尺寸	m^2	按混凝土与模板的接触面积计算	1. 制作 2. 安装 3. 拆除 4. 清理 5. 刷隔离剂 6. 材料运输
050402007	现浇混凝土桌凳	1. 桌凳形状 2. 基础尺寸、埋设深度 3. 桌面尺寸、支墩高度 4. 凳面尺寸、支墩高度	1. m^3 2. 个	1. 以立方米计量，按设计图示混凝土体积计算 2. 以个计量，按设计图示数量计算	
050402008	石桥拱券石、石券脸胎架	1. 胎架面高度 2. 矢高、弦长	m^2	按拱券石、石券脸弧形底面展开尺寸以面积计算	

15. 树木支撑架、草绳绕树干、搭设遮阳（防寒）棚工程

树木支撑架、草绳绕树干、搭设遮阳（防寒）棚工程（编码：050403） 表 1-15

项目编码	项目名称	项目特征	计量单位	工程量计算规则	工作内容
050403001	树木支撑架	1. 支撑类型、材质 2. 支撑材料规格 3. 单株支撑材料数量	株	按设计图示数量计算	1. 制作 2. 运输 3. 安装 4. 维护
050403002	草绳绕树干	1. 胸径(干径) 2. 草绳所绕树干高度			1. 搬运 2. 绕杆 3. 余料清理 4. 养护期后清除
050403003	搭设遮阴(防寒)棚	1. 搭设高度 2. 搭设材料种类、规格	1. m^2 2. 株	1. 以平方米计量，按遮阴(防寒)棚外围覆盖层的展开尺寸以面积计算 2. 以株计量，按设计图示数量计算	1. 制作 2. 运输 3. 搭设、维护 4. 养护期后清除

16. 围堰、排水工程

围堰、排水工程（编码：050404） **表 1-16**

项目编码	项目名称	项目特征	计量单位	工程量计算规则	工作内容
050404001	围堰	1. 围堰断面尺寸 2. 围堰长度 3. 围堰材料及灌装袋材料品种、规格	1. m^3 2. m	1. 以立方米计量，按围堰断面面积乘以堤顶中心线长度以体积计算 2. 以米计量，按围堰堤顶中心线长度以延长米计算	1. 取土、装土 2. 堆筑围堰 3. 拆除、清理围堰 4. 材料运输
050404002	排水	1. 种类及管径 2. 数量 3. 排水长度	1. m^3 2.天 3. 台班	1. 以立方米计量，按需要排水量以体积计算，围堰排水按堰内水面面积乘以平均水深计算 2. 以天计量，按需要排水日历天计算 3. 以台班计算，按水泵排水工作台班计算	1. 安装 2. 使用、维护 3. 拆除水泵 4. 清理

17. 安全文明施工及其他措施项目

安全文明施工及其他措施项目（编码：050405）

表 1-17

项目编码	项目名称	工作内容及包含范围
050405001	安全文明施工	1. 环境保护：现场施工机械设备降低噪声、防扰民措施；水泥、种植土和其他易飞扬细颗粒建筑材料密闭存放或采取覆盖措施等；工程防扬尘洒水；土石方、杂草、种植遗弃物及建渣外运车辆防护措施等；现场污染源的控制、生活垃圾清理外运、场地排水排污措施；其他环境保护措施 2. 文明施工："五牌一图"；现场围挡的墙面美化（包括内外粉刷、刷白、标语等）、压顶装饰；现场厕所便槽刷白、贴面砖，水泥砂浆地面或地砖，建筑物内临时便溺设施；其他施工现场临时设施的装饰装修、美化措施；现场生活卫生设施；符合卫生要求的饮水设备、淋浴、消毒等设施；

续表

项目编码	项目名称	工作内容及包含范围
050405001	安全文明施工	生活用洁净燃料；防煤气中毒、防蚊虫叮咬等措施；施工现场操作场地的硬化；现场绿化、治安综合治理；现场配备医药保健器材、物品和急救人员培训；用于现场工人的防暑降温、电风扇、空调等设备及用电；其他文明施工措施 3. 安全施工：安全资料、特殊作业专项方案的编制，安全施工标志的购置及安全宣传；"三宝"（安全帽、安全带、安全网）、"四口"（楼梯口、管井口、通道口、预留洞口）、"五临边"（园桥围边、驳岸围边、跌水围边、槽坑围边、卸料平台两侧），水平防护架、垂直防护架、外架封闭等防护；施工安全用电，包括配电箱三级配电、两级保护装置要求、外电防护措施；起重设备（含起重机、井架、门架）的安全防护措施（含警示标志）及卸料平台的临边

续表

项目编码	项目名称	工作内容及包含范围
050405001	安全文明施工	防护、层间安全门、防护棚等设施；园林工地起重机械的检验检测；施工机具防护棚及其围栏的安全保护设施；施工安全防护通道；工人的安全防护用品、用具购置；消防设施与消防器材的配置；电气保护、安全照明设施；其他安全防护措施 4. 临时设施：施工现场采用彩色、定型钢板，砖、混凝土砌块等围挡的安砌、维修、拆除；施工现场临时建筑物、构筑物的搭设、维修、拆除，如临时宿舍、办公室、食堂、厨房、厕所、诊疗所、临时文化福利用房、临时仓库、加工场、搅拌台、临时简易水塔、水池等；施工现场临时设施的搭设、维修、拆除，如临时供水管道、临时供电管线、小型临时设施等；施工现场规定范围内临时简易道路铺设，临时排水沟、排水

续表

项目编码	项目名称	工作内容及包含范围
050405001	安全文明施工	设施安砌、维修、拆除；其他临时设施搭设、维修、拆除
050405002	夜间施工	1. 夜间固定照明灯具和临时可移动照明灯具的设置、拆除 2. 夜间施工时施工现场交通标志、安全标牌、警示灯等的设置、移动、拆除 3. 夜间照明设备及照明用电、施工人员夜班补助、夜间施工劳动效率降低等
050405003	非夜间施工照明	为保证工程施工正常进行，在如假山石洞等特殊施工部位施工时所采用的照明设备的安拆、维护及照明用电等
050405004	二次搬运	由于施工场地条件限制而发生的材料、植物、成品、半成品等一次运输不能到达堆放地点，必须进行的二次或多次搬运

续表

项目编码	项目名称	工作内容及包含范围
050405005	冬雨季施工	1. 冬雨(风)季施工时增加的临时设施(防寒保温、防雨、防风设施)的搭设、拆除 2. 冬雨(风)季施工时对植物、砌体、混凝土等采用的特殊加温、保温和养护措施 3. 冬雨(风)季施工时施工现场的防滑处理,对影响施工的雨雪的清除 4. 冬雨(风)季施工时增加的临时设施、施工人员的劳动保护用品、冬雨(风)季施工劳动效率降低等
050405006	反季节栽植影响措施	因反季节栽植在增加材料、人工、防护、养护、管理等方面采取的种植措施及保证成活率措施
050405007	地上、地下设施的临时保护设施	在工程施工过程中,对已建成的地上、地下设施和植物进行的遮盖、封闭、隔离等必要保护措施

续表

项目编码	项目名称	工作内容及包含范围
050405008	已完工程及设备保护	对已完工程及设备采取的覆盖、包裹、封闭、隔离等必要的保护措施

注：本表所列项目应根据工程实际情况计算措施项目费用，需分摊的应合理计算摊销费用。

第二节　园林工程清单计价的相关资料

一、绿化工程相关资料

1. 绿化种植工程相关资料

相关内容资料见表 1-18～表 1-20。

（1）树坑规格对照参考表（表 1-18）

树坑规格对照参考表（单位：株）

表 1-18

名称	规格	树坑直径×深度(cm)	土方量(m^3)
裸根乔木	胸径(cm 以内)	40×30	0.038
		50×40	0.079
		60×50	0.141
		80×50	0.251
		90×60	0.382

续表

名称	规格	树坑直径×深度（cm）	土方量（m³）
裸根乔木	胸径（cm 以内）	110×60	0.57
		130×60	0.796
		140×70	1.077
		150×80	1.413
		190×90	2.55
		230×110	4.568
带土球乔木	株高（cm 以内）	60×40	0.113
		70×50	0.192
		90×50	0.318
		100×60	0.471
		110×80	0.76
		130×90	1.194
		150×100	1.766
		180×110	2.798
		210×120	4.154
		250×130	5.398
丛生竹	根盘丛径（cm 以内）	50×40	0.079
		60×40	0.113
		70×50	0.192

续表

<table>
<tr><th>名称</th><th colspan="4">规格</th><th>树坑直径×深度(cm)</th><th>土方量(m^3)</th></tr>
<tr><td rowspan="3"></td><td colspan="4" rowspan="3"></td><td>90×50</td><td>0.318</td></tr>
<tr><td>100×60</td><td>0.471</td></tr>
<tr><td>110×80</td><td>0.76</td></tr>
<tr><td rowspan="4">裸根灌木</td><td rowspan="4">冠径(cm以内)</td><td>50</td><td rowspan="4">苗高(cm以内)</td><td></td><td>30×30</td><td>0.021</td></tr>
<tr><td>100</td><td></td><td>40×30</td><td>0.038</td></tr>
<tr><td>150</td><td></td><td>60×40</td><td>0.113</td></tr>
<tr><td>200</td><td></td><td>80×60</td><td>0.301</td></tr>
<tr><td rowspan="4">带土球灌木</td><td rowspan="4">土球直径(cm以内)</td><td>30</td><td rowspan="4">苗高(cm以内)</td><td></td><td>50×40</td><td>0.079</td></tr>
<tr><td>40</td><td></td><td>60×40</td><td>0.113</td></tr>
<tr><td>50</td><td></td><td>70×50</td><td>0.192</td></tr>
<tr><td>60</td><td></td><td>90×50</td><td>0.318</td></tr>
<tr><td rowspan="4">独株球形植物</td><td colspan="4" rowspan="4">蓬径(cm以内)</td><td>60×40</td><td>0.113</td></tr>
<tr><td>70×50</td><td>0.192</td></tr>
<tr><td>90×50</td><td>0.318</td></tr>
<tr><td>100×60</td><td>0.471</td></tr>
<tr><td rowspan="3">攀缘植物</td><td colspan="4">4年生以内</td><td>30×30</td><td>0.021</td></tr>
<tr><td colspan="4">5年生以内</td><td>40×30</td><td>0.038</td></tr>
<tr><td colspan="4">6~8年生</td><td>50×40</td><td>0.079</td></tr>
</table>

(2)绿篱沟规格(表1-19)

对照参考表　　　　表1-19

绿篱沟规格对照参考表　　单位:m

单排绿篱	规格		挖沟长×宽×深(cm)	土方量(m^3)
单排绿篱	篱高(cm以内)	40	100×25×25	0.063
		60	100×30×25	0.075
		80	100×35×30	0.105
		100	100×40×35	0.14
		120	100×45×35	0.158
双排绿篱	篱高(cm以内)	40	100×30×25	0.075
		60	100×35×30	0.105
		80	100×40×35	0.14
		100	100×50×40	0.2
片植绿篱、色带	篱高(cm以内)	40	100×100×25	0.25
		60	100×100×30	0.3
		80	100×100×35	0.35
		100	100×100×40	0.4

2. 绿化养护分月承包系数表(表1-20)

绿化养护分月承包系数表　表1-20

时间(月数)	1	2	3	4	5	6	7	8	9	10	11	12
系数	0.2	0.3	0.37	0.44	0.51	0.58	0.65	0.72	0.79	0.85	0.93	1

二、园林小品工程相关资料

相关内容资料(表1-21～表1～28、图1-1)。

1. 土方工程

(1)拆除工程废土发生量计算表(表1-21)

拆除工程废土发生量计算表 表1-21

工程项目	单位	废土产量(m^3)
石材面层、混凝土砖、烧结普通砖	m^2	0.10
整体面层	m^2	0.03
块料面层	m^2	0.04
灰土、混凝土垫层	m^3	1.50
砖、石墙、基础	m^3	1.46
混凝土、土方余土	m^3	1.35

(2)土石方体积折算系数表(表1-22)

土石方体积折算系数表　　1-22

虚土	天然密实土	夯实土	松填土
1.00	0.77	0.67	0.83
1.30	1.00	0.87	1.08
1.50	1.15	1.00	1.25
1.20	0.92	0.80	1.00

(3)土方放坡系数表(表1-23)

土方放坡系数表　　表1-23

土质	起始深度(m)	人工挖土	机械挖土	
			在坑内作业	在坑外作业
一般土	1.40	1∶0.43	1∶0.30	1∶0.72
砂砾坚土	2.00	1∶0.25	1∶0.10	1∶0.33

(4)工作面增加宽度表(表1-24)

工作面增加宽度表(单位:cm)　　表1-24

基础工程施工项目	每边增加工作面
毛石砌筑	15
混凝土基础或基础垫层需要支模板时	30
使用卷材或防水砂浆做垂直防潮层	80
带挡土板的挖土	10

2. 砌筑工程

(1)砌基础大放脚增加断面计算表(表 1-25)

砌基础大放脚增加断面计算表(单位:m^2)

表 1-25

放脚层数	增加断面	
	等高	不等高
一	0.01575	0.01575
二	0.04725	0.03938
三	0.09450	0.07875
四	0.15750	0.12600
五	0.23625	0.18900
六	0.33075	0.25988

(2)标准砖墙厚度计算表(表 1-26)

标准砖墙厚度计算表　　表 1-26

墙厚(砖)	1/4	1/2	3/4	1	3/2	2	5/2	3
计算厚度(mm)	53	115	180	240	365	490	615	740

3. 屋顶工程

(1)屋顶坡度系数表(图 1-1、表 1-27)

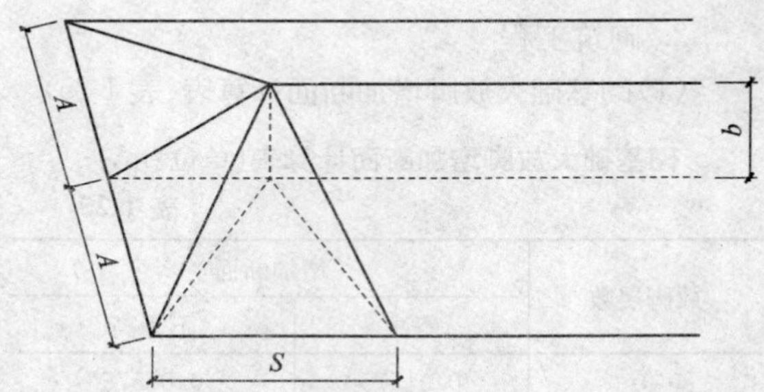

图 1-1　屋顶坡度示意图

屋顶坡度系数表　　　表 1-27

坡度			延尺系数 C(A=1)	隅延尺系数 D(A=S=1)
B(A=1)	B/2A	角度 Q		
1	1/2	45°00′	1.4142	1.7321
0.75	—	36°52′	1.2500	1.6008
0.7	—	35°00′	1.2207	1.5780
0.667	1/3	33°41′	1.2019	1.5635
0.65	—	33°01′	1.1927	1.5564
0.6	—	30°58′	1.1662	1.5362
0.577	—	30°00′	1.1547	1.5275
0.55	—	28°49′	1.1413	1.5174

续表

坡度			延尺系数 C(A=1)	隅延尺系数 D(A=S=1)
B(A=1)	B/2A	角度 Q		
0.5	1/4	26°34′	1.1180	1.5000
0.45	—	24°14′	1.0966	1.4841
0.414	—	22°30′	1.0824	1.4736
0.4	1/5	21°48′	1.0770	1.4697
0.35	—	19°17′	1.0595	1.4569
0.3	—	16°42′	1.0440	1.4457
0.25	1/8	14°02′	1.0308	1.4361
0.2	1/10	11°19′	1.0198	1.4283
0.167	1/12	9°28′	1.0138	1.4240
0.15	—	8°32′	1.0112	1.4221
0.125	1/16	7°08′	1.0078	1.4197
0.1	1/20	5°43′	1.0050	1.4177
0.083	1/24	4°06′	1.0035	1.4167
0.067	1/30	3°49′	1.0022	1.4158

4. 天棚工程

(1)拱顶延长系数表(表 1-28)

拱顶延长系数表　　　　表 1-28

拱高：跨度	1：2	1：2.5	1：3	1：3.5	1：4	1：4.5	1：5
延长系数	1.571	1.383	1.274	1.205	1.159	1.127	1.103
拱高：跨度	1：5.5	1：6	1：6.5	1：7	1：7.5	1：8	1：8.5
延长系数	1.086	1.073	1.062	1.054	1.041	1.033	1.026

第二章 常用面积、体积计算公式

一、多面体的体积和表面积

具体内容（表 2-1）。

多面体的体积和表面积　　表 2-1

图形		尺寸符号	体积（V） 底面积（F） 表面积（S） 侧表面积（S_1）
立方体	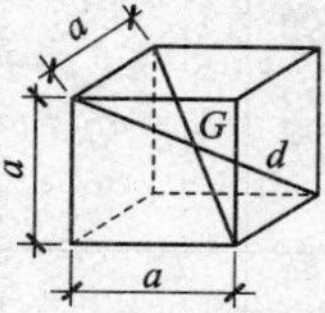	a——棱 d——对角线 S——表面积 S_1——侧表面积	$V=a^3$ $S=6a^2$ $S_1=4a^2$
长方体（棱柱）	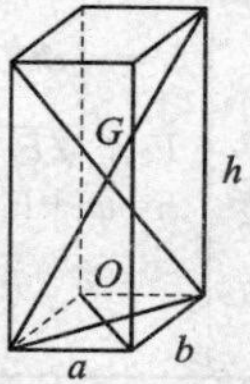	a,b,h——边长 O——底面对角线的交点	$V=a\cdot b\cdot h$ $S=2(a\cdot b+a\cdot h+b\cdot h)$ $S_1=2h(a+b)$ $d=\sqrt{a^2+b^2+h^2}$

续表

图　形		尺寸符号	体积(V) 底面积(F) 表面积(S) 侧表面积(S_1)
三棱柱	G　h　c　a　O　b	a,b,h——边长 h——高 F——底面积 O——底面中线的交点	$V=F\cdot h$ $S=(a+b+c)\cdot h+2F$ $S_1=(a+b+c)\cdot h$
棱锥	h　G　O	f——一个组合三角形的面积 n——组合三角形的个数 O——锥底各对角线交点	$V=\frac{1}{3}F\cdot h$ $S=n\cdot f+F$ $S_1=n\cdot f$
棱台	F_2　h　G　O　F_1	F_1,F_2——两平行底面的面积 h——底面间距离 a——一个组合梯形的面积 n——组合梯形数	$V=\frac{1}{3}h(F_1+F_2+\sqrt{F_1F_2})$ $S=an+F_1+F_2$ $S_1=an$

续表

图形		尺寸符号	体积(V) 底面积(F) 表面积(S) 侧表面积(S_1)
圆柱和空心圆柱(管) 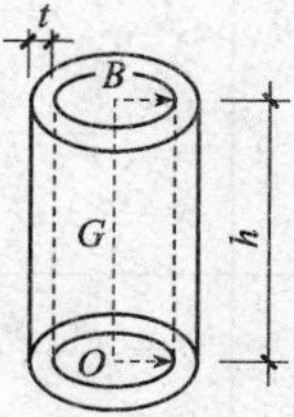		R——外半径 r——内半径 t——柱壁厚度 p——平均半径 S_1——内外侧面积	圆柱： $V=\pi R^2\cdot n$ $S=2\pi R\cdot h+2\pi R^2$ $S_1=2\pi R\cdot h$ 空心直圆柱： $V=\pi h(R^2-r^2)=2\pi Rpth$ $S=2\pi(R+r)h+2\pi(R^2-r^2)$ $S_1=2\pi h(R+r)$
斜线直圆柱 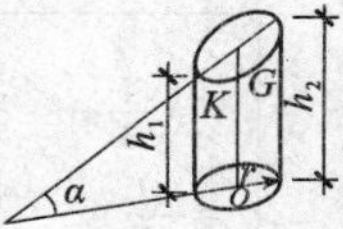		h_1——最小高度 h_2——最大高度 r——底面半径	$V=\pi r^2\cdot\frac{h_1+h_2}{2}$ $S=\pi r(h_1+h_2)+\pi r^2\cdot\left(1+\frac{1}{\cos\alpha}\right)$ $S_1=\pi r(h_1+h_2)$

续表

图形		尺寸符号	体积(V) 底面积(F) 表面积(S) 侧表面积(S_1)
直圆锥	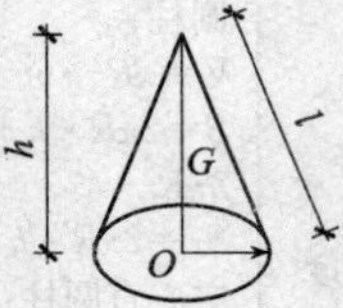	r——底面半径 h——高 l——母线长	$V=\frac{1}{3}\pi r^2 h$ $S_1=\pi r\sqrt{r^2+h^2}$ $=\pi rl$ $l=\sqrt{r^2+h^2}$ $S=S_1+\pi r^2$
圆台	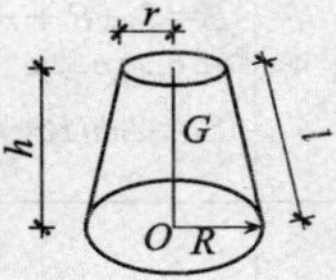	R，r——底面半径 h——底 l——母线	$V=\frac{\pi h}{3}\cdot(R^2+r^2+Rr)$ $S_1=\pi l(R+r)$ $l=\sqrt{(R-r)^2+h^2}$ $S=S_1+\pi(R^2+r^2)$
球	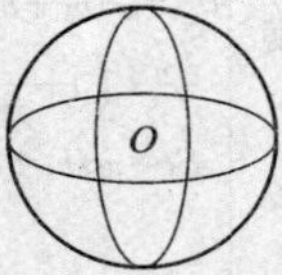	r——半径 d——直径	$V=\frac{4}{3}\pi r^2$ $=\frac{\pi d^3}{6}$ $=0.5236d^3$ $S=4\pi r^2=\pi d^2$

续表

图　形		尺寸符号	体积(V) 底面积(F) 表面积(S) 侧表面积(S_1)
球扇形(球楔)	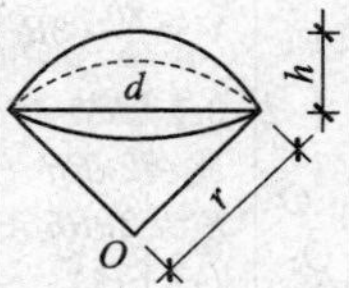	r——球半径 d——弓形底圆直径 h——弓形高	$V=\frac{2}{3}\pi r^2 h$ $=2.0944r^2 h$ $S=\frac{\pi r}{2}(4h+d)=1.57r(4h+d)$
球缺	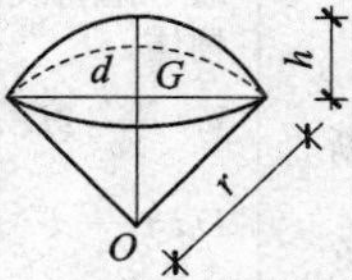	h——球缺的高 r——球缺半径 d——平切圆直径 $S_曲$——曲面面积 S——球缺表面积	$V=\pi h^2\left(r-\frac{h}{3}\right)$ $S_曲=2\pi rh=\pi\left(\frac{d^2}{4}+h^2\right)$ $S=\pi h(4r-h)$ $d^2=4h(2r-h)$
圆环体(胎)	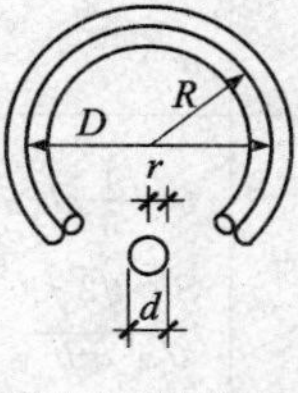	R——圆球体平均半径 D——圆环体平均半径 d——圆环体截面直径 r——圆环体截面半径	$V=2\pi r^2 R\cdot r^2$ $=\frac{1}{4}\pi^2 Dd^2$ $S=4\pi r^2 Rr=\pi^2 Dd$ $=39.478Rr$

续表

图　形	尺寸符号	体积(V) 底面积(F) 表面积(S) 侧表面积(S_1)
球带体	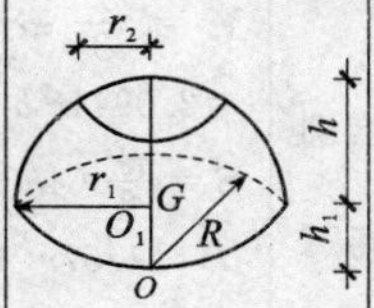 R——球半径 r_1，r_2——底面半径 h——腰高 h_1——球心 O 至带底圆心 O_1 的距离	$V=\frac{\pi h}{b}(3R_1^2+3r_2^2+h^2)$ $S_1=2\pi Rh$ $S=2\pi Rh+\pi(r_1^2+r_2^2)$
桶形	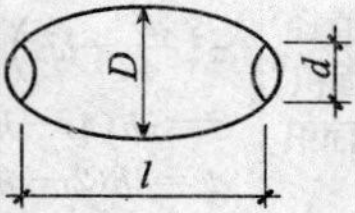 D——中间断面直径 d——底直径 l——桶高	对于抛物线形桶体 $V=\frac{\pi l}{15}(2D^2+Dd+\frac{3}{4}d^2)$ 对于圆形桶体 $V=\frac{\pi d}{12}(2D^2+d^2)$
椭球体	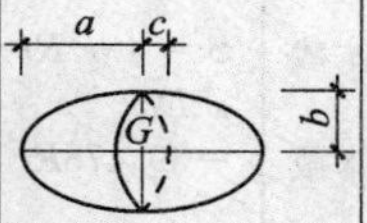 a,b,c——半轴	$v=\frac{4}{3}abc\pi$ $S=2\sqrt{2}\cdot b\cdot\sqrt{a^2+b^2}$

续表

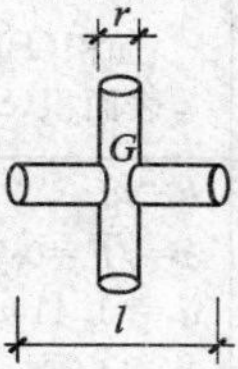

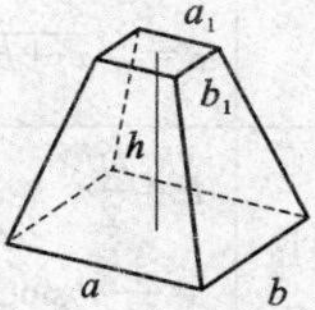

图　　形		尺寸符号	体积(V) 底面积(F) 表面积(S) 侧表面积(S_1)
交叉圆柱体	(图：r, G, l_1, l)	r——圆柱半径 l_1,l——圆柱长	$V=\pi r^2\left(l+l_1-\frac{2r}{3}\right)$
梯形体	(图：a_1, b_1, h, a, b)	a，b——下底边长 a_1,b_1——上底边长 h——上、下底边距离(高)	$V=\frac{h}{6}[(2a+a_1)b+(2a_1+a)b_1]$ $=\frac{h}{6}[ab+(a+a_1)(b+b_1)+a_1b_1]$

二、常用图形求面积公式

具体内容（表 2-2）。

常用图形求面积公式　　表 2-2

图形		尺寸符号	面积(F) 表面积(S)
正方形	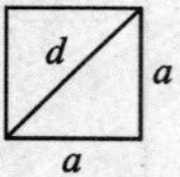 d, a, a	a——边长 b——对角线	$F=a^2$ $a=\sqrt{F}=0.77d$ $d=1.414a=1.414\sqrt{F}$
长方形	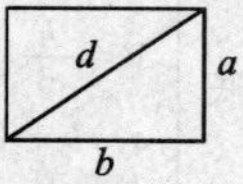 d, a, b	a——短边 b——长边 d——对角线	$F=a\cdot b$ $d=\sqrt{a^2+b^2}$
三角形	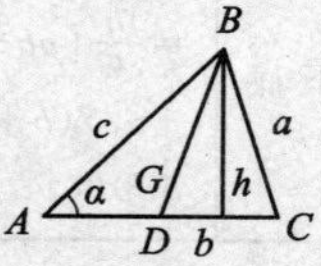 B, c, a, α, G, h, A, D, b, C	h——高 l——$\frac{1}{2}$周长 a, b, c——对应角 A, B, C 的边长	$F=\frac{bh}{2}$ $=\frac{1}{2}ab\sin C$ $l=\frac{a+b+c}{2}$
平行四边形	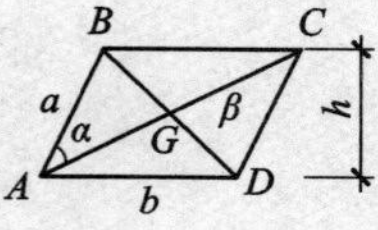 B, C, a, α, G, β, h, A, b, D	a, b——棱边 h——对边间的距离	$F=b\cdot h$ $=a\cdot b\sin\alpha$ $=\frac{AC\cdot BD}{2}\sin\beta$

续表

图　形		尺寸符号	面积(F) 表面积(S)
任意四边形	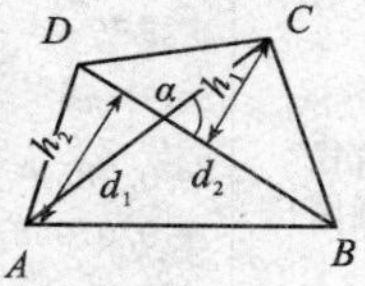	d_1，d_2——对角线 α——对角线夹角	$F=\frac{d_2}{2}(h_1+h_2)$ $=\frac{d_1d_2}{2}\sin\alpha$
正多边形	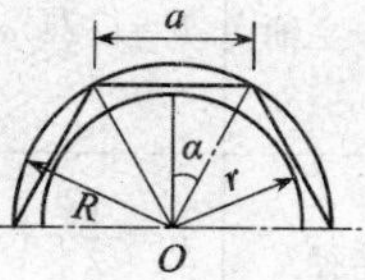	r——内切圆半径 R——外接圆半径 $a=2\sqrt{R^2-r^2}$一边 $a-180°=n$ (n——边数) p=周长=an	$F=\frac{n}{2}R^2\sin2\alpha$ $=\frac{pr}{2}$
菱形	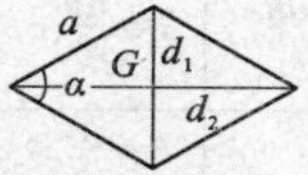	d_1，d_2——对角线 a——边 α——角	$F=a^2\sin\alpha$ $=\frac{d_1d_2}{2}$
梯形	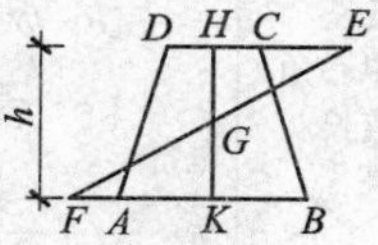	$CE=AB$ $AF=CD$ $a=CD$(上底边) $b=AB$(下底边) h——高	$F=\frac{a+b}{2}\cdot h$

续表

图　形		尺寸符号	面积(F) 表面积(S)
圆形	d r G	r——半径 d——直径 p——圆周长	$F=\pi r^2$ $=\frac{1}{4}\pi d^2$ $=0.785d^2$ $=0.07958p^2$ $p=\pi d$
椭圆形	b a G	a,b——主轴	$F=(\pi/4)a\cdot b$
扇形	S b G α r O	r——半径 s——弧长 α——弧 s 的对应中心角	$F=\frac{1}{2}r\cdot s$ $=\frac{\alpha}{300}\pi r^2$ $s=\frac{\alpha\pi}{180}r$
弓形	S h b G α r O	r——半径 s——弧长 α——中心角 b——弦长 h——高	$F=\frac{1}{2}r^2(\frac{\alpha\pi}{180}-\sin\alpha)$ $=\frac{1}{2}[r(s-b)+bh]$ $s=r\cdot\alpha\cdot\frac{\pi}{180}=0.0175r\cdot\alpha$ $h=r-\sqrt{r^2-\frac{1}{4}\alpha^2}$

续表

图形		尺寸符号	面积(F) 表面积(S)
圆环	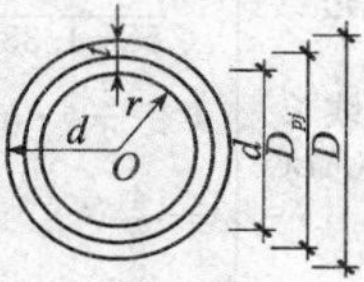	R——外半径 r——内半径 D——外直径 d——内直径 t——环宽 D_{pj}——平均直径	$F=\pi(R^2-r^2)$ $=\frac{\pi}{4}(D^2-d^2)$ $=\pi\cdot D_{pj}t$
部分圆环	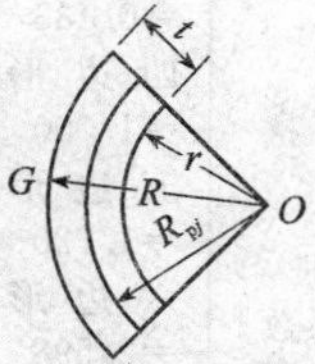	R——外半径 r——内半径 D——外直径 d——内直径 t——环宽 R_{pj}——圆环平均直径	$F=\frac{\alpha\pi}{360}(R^2-r^2)$ $=\frac{\alpha\pi}{180}R_{pj}\cdot t$
新月形	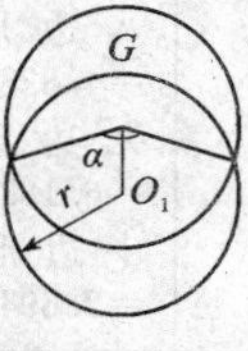	L——两个圆心间的距离 d——直径	$F=r^2(\pi-\frac{\alpha}{180}a+\sin\alpha)=r^2\cdot p$ $P=\pi-\frac{\alpha}{180}\alpha+\sin\alpha$

续表

图形		尺寸符号	面积(F) 表面积(S)
抛物线形	C, h, A, B, b	b——底边 h——高 l——曲线长 S——$\triangle ABC$的面积	$l=\sqrt{b^2+1.3333h^2}$ $F=\frac{2}{3}b\cdot h$ $=\frac{4}{3}\cdot S$
等多边形	a, G	a——边长 K_i——系数 i 指多边形的边数	$F=K\cdot a^2$ 三边形 $K_3=0.433$ 四边形 $K_4=1.000$ 五边形 $K_5=1.720$ 六边形 $K_6=2.598$ 七边形 $K_7=3.614$ 八边形 $K_8=4.828$ 九边形 $K_9=6.182$ 十边形 $K_{10}=7.694$

第三章　建筑常用型材与理论重量表和园林常用材料体积重量计算表

一、建筑常用型材与理论重量表和型材重量计算

具体内容（表 3-1）。

二、园林工程常用材料表观密度-相对密度表

具体内容（表 3-2）。

园林工程常用材料表观密度-相对密度表　表 3-2

年　月　日

序号	物质名称	平均表观密度（kg/m^3）	相对密度
1.	琢石砌体		
(1)	花岗石、正长岩、片麻岩	2644	2.3～3.0
(2)	石灰岩、大理石	2564	2.3～2.8
(3)	砂岩、青石	2244	2.1～2.4

续表

序号	物质名称	平均表观密度（kg/m³）	相对密度
(4)	灰浆毛石砌体		
(5)	花岗石、正长岩、片麻岩	2484	2.2～2.8
(6)	石灰石、大理石	2404	2.2～2.6
(7)	砂岩、青石	2083	2.0～2.2
(8)	干毛石砌体		
(9)	花岗石、正长岩、片麻岩	2083	1.9～2.3
(10)	石灰岩、大理石	2003	1.9～2.1
(11)	砂岩、青石	1763	1.8～1.9
2.	砖砌体		
(1)	机制砖	2244	2.2～2.3
(2)	普通砖	1923	1.8～2.0
(3)	软烧砖	1603	1.5～1.7
3.	混凝土砌体		
(1)	水泥、石、砂	2244	2.2～2.4
(2)	水泥、矿渣等	2083	1.9～2.3
(3)	水泥、焦渣等	1603	1.5～1.7

续表

序号	物质名称	平均表观密度（kg/m³）	相对密度
4.	各种建材		
(1)	炉灰、煤渣	689	
(2)	松散的硅酸盐水泥	1442	
(3)	凝固的硅酸盐水泥	2933	2.7～3.2
(4)	松散的石灰、石膏	962	
(5)	凝固的灰浆	1763	1.4～1.9
(6)	熔渣	1122	
(7)	筛屑渣	1763	
(8)	机碎渣	1522	
(9)	水碎渣	801	
5.	挖掘土等		
(1)	干黏土	1010	
(2)	可塑湿黏土	1763	
(3)	干黏土和砾石	1603	
(4)	松散的干土	1218	

续表

序号	物质名称	平均表观密度（kg/m^3）	相对密度
(5)	压实的干土	1522	
(6)	松散的湿土	1250	
(7)	压实的湿土	1538	
(8)	流动性泥土	1731	
(9)	压实的泥土	1843	
(10)	石灰岩乱石	1330	
(11)	砂岩乱石	1442	
(12)	页岩乱石	1683	
(13)	松散的干砾石砂	1635	
(14)	压实的干砾石砂	1795	
(15)	湿砾石砂	1923	
6.	石材		
(1)	花岗石	2805	2.5～3.1
(2)	大理石	2644	2.5～2.8
(3)	青石	2356	2.2～2.5
(4)	采堆花岗石、大理石等	1538	

续表

序号	物质名称	平均表观密度（kg/m^3）	相对密度
7.	金属		
(1)	铸、锻铝	2644	2.55～2.75
(2)	铸、扎黄铜	8558	8.4～8.7
(3)	铸铁、生铁	7212	7.20
(4)	熟铁	7773	7.6～7.9
8.	木材		
(1)	红松	481	0.48
(2)	白松	417	0.41
(3)	水曲柳	600	0.60
(4)	桦木	550	0.55
(5)	橡木	630	0.63
9.	各种液体		
(1)	水（4℃最大密度）	1000	1.00
(2)	水（100℃）	959	0.96
(3)	冰水	879	0.88～0.92
(4)	海水	1026	1.02～1.03

第四章 常用混凝土、砂浆配合比速查表

具体内容（表 4-1～4-15）。

一、砌筑砂浆配合比

砌筑砂浆配合比（单位：m^3） 表 4-1

编号		1	2	3	4	5	6
材料名称	单位	混合砂浆			水泥砂浆		
		M2.5	M5	M7.5	M5	M7.5	M10
水泥	kg	131	187	253	213	263	303
白灰	kg	63.7	63.7	50.4	—	—	—
白灰膏	m^3	(0.091)	(0.091)	(0.072)	—	—	—
砂子	t	1.528	1.46	1.413	1.596	1.534	1.486
水	m^3	0.6	0.4	0.4	0.22	0.22	0.22

二、抹灰砂浆配合比

1. 混合砂浆

抹灰砂浆配合比(一)　　表 4-2

编号		1	2	3	4	5	6	7	8
材料名称	单位	混合砂浆							
		1∶0.2∶1.5	1∶0.2∶2	1∶0.3∶2.5	1∶0.3∶3	1∶0.5∶1	1∶0.5∶2	1∶0.5∶3	1∶0.5∶4
水泥	kg	603.82	517.09	436.04	388.93	615.97	458.93	365.69	303.94
白灰	kg	70.45	60.33	76.31	68.06	179.66	133.85	106.66	88.65
白灰膏	m^3	(0.101)	(0.086)	(0.109)	(0.097)	(0.257)	(0.191)	(0.152)	(0.127)
砂子	t	1.116	1.275	1.344	1.438	0.759	1.131	1.352	1.498
水	m^3	0.83	0.74	0.65	0.61	0.81	0.66	0.57	0.51

抹灰砂浆配合比(二) **表 4-3**

编号		9	10	11	12	13	14	15
材料名称	单位	混合砂浆						
		1:1:2	1:1:3	1:1:4	1:1:6	1:2:1	1:2:6	1:3:9
水泥	kg	386.47	318.16	270.37	207.91	351.01	177.72	123.3
白灰	kg	225.44	185.59	157.72	121.28	409.51	207.34	215.77
白灰膏	m^3	(0.322)	(0.265)	(0.225)	(0.173)	(0.585)	(0.296)	(0.308)
砂子	t	0.953	1.176	1.333	1.538	0.433	1.314	1.368
水	m^3	0.56	0.5	0.45	0.4	0.46	0.34	0.28

2. 水泥砂浆

水泥砂浆配合比 **表 4-4**

编号		1	2	3	4	5	6	7
材料名称	单位	水泥砂浆						
		1∶0.5	1∶1	1∶1.5	1∶2	1∶2.5	1∶3	1∶4
水泥	kg	1067.04	823.08	669.92	564.81	488.21	429.91	361.08
砂子	t	0.658	1.014	1.239	1.392	1.504	1.59	1.78
水	m^3	0.49	0.43	0.39	0.36	0.34	0.33	0.18

3. 其他砂浆

其他砂浆配合比(一)　　表 4-5

编号		1	2	3	4	5	6	7
材料名称	单位	水泥细砂浆		素水泥浆	水泥白灰浆	白灰砂浆		白灰麻刀浆
		1∶1	1∶1.5		1∶0.5	1∶2.5	1∶3	
水泥	kg	742	595	1502	927	—	—	—
白灰	kg	—	—	—	273	298	267	685
白灰膏	m^3	—	—	—	(0.39)	(0.425)	(0.381)	(0.978)
砂子	t	—	—	—	—	1.543	1.659	—
细砂	t	0.838	1.018	—	—	—	—	—
麻刀	kg	—	—	—	—	—	—	20
水	m^3	0.5	0.48	0.59	0.71	0.68	0.68	0.5

其他砂浆配合比（二）　　　　表 4-6

编号		1	2	3	4	5	6	7
材料名称	单位	白灰麻刀砂浆		纸筋灰浆	水泥白灰麻刀浆	小豆浆	水泥 TG 胶浆	水泥 TG 胶砂浆
		1∶2.5	1∶3		1∶5	1∶1.25		
水泥	kg	—	—	—	245	783	209	242
白灰	kg	298	267	671	571	—	—	—
白灰膏	m^3	(0.425)	(0.381)	(0.958)	(0.815)	—	—	—
砂子	t	1.543	1.659	—	—	—	—	1.759
豆粒石	t	—	—	—	—	1.247	—	—
纸筋	kg	—	—	38	—	—	—	—
TG 胶	kg	—	—	—	—	—	156	54
麻刀	kg	16.6	16.6	—	20	—	—	—
水	m^3	0.68	0.68	0.5	0.5	0.35	0.86	0.26

4. 其他

其　他　　表 4-7

编号		1	2	3	4	5	6
材料名称	单位	灰土		冷底子油		豆粒石混凝土	石油沥青砂浆
		2∶8	3∶7	3∶7(kg)	1∶1(kg)	1∶2∶3	1∶2∶7
白灰	kg	164	246	—	—	—	—
黄土	m^3	1.325	1.164	—	—	—	—
石油沥青	kg	—	—	0.315	0.525	—	240
汽油	kg	—	—	0.77	0.55	—	—
水泥	kg	—	—	—	—	276	—
砂子	t	—	—	—	—	0.668	1.816
豆粒石	t	—	—	—	—	1.108	—
滑石粉	kg	—	—	—	—	—	458
水	m^3	0.2	0.2	—	—	0.3	—

三、混凝土配合比

1. 现浇混凝土配合比

现浇混凝土配合比(一)　　表 4-8

编号		1	2	3	4	5	6
项目		石子粒径 13～19mm					
		混凝土强度等级					
		C10	C15	C20	C25	C30	C35
材料	单位	数量					
水泥	kg	251.96	302.47	336.43	378.26	437.26	472.73
砂子	t	0.73	0.713	0.696	0.687	0.573	0.543
石子	t	1.288	1.261	1.287	1.268	1.333	1.323
水	m^3	0.24	0.24	0.22	0.22	0.22	0.21

现浇混凝土配合比（二）　　表 4-9

编号		7	8	9	10	11	12
项目		石子粒径 19～25mm					
		混凝土强度等级					
		C7.5	C10	C15	C20	C25	C30
材料	单位	数量					
水泥	kg	207.85	230.87	277.08	328.81	368.56	416.73
砂子	t	0.759	0.752	0.738	0.703	0.692	0.586
石子	t	1.343	1.33	1.304	1.298	1.278	1.361
水	m^3	0.22	0.22	0.22	0.22	0.21	0.21

现浇混凝土配合比（三）　　表 4-10

编号		13	14	15	16	17	18
项目		石子粒径 25～38mm					
		混凝土强度等级					
		C7.5	C10	C15	C20	C25	C30
材料	单位	数量					
水泥	kg	203.57	214.75	257.45	305.72	349.17	405.48
砂子	t	0.773	0.77	0.755	0.722	0.703	0.592
石子	t	1.369	1.361	1.337	1.334	1.298	1.373
水	m^3	0.2	0.2	0.2	0.2	0.2	0.2

2. 预制混凝土配合比

预制混凝土配合比(一)　表 4-11

编号		1	2	3	4	5
项目		石子粒径 13～19mm				
		混凝土强度等级				
		C15	C20	C25	C30	C35
材料	单位	数量				
水泥	kg	289.34	328.81	358.87	428	447.85
砂子	t	0.725	0.703	0.697	0.575	0.553
石子	t	1.283	1.298	1.288	1.336	1.347
水	m^3	0.23	0.22	0.21	0.21	0.2

预制混凝土配合比(二)　表 4-12

编号		6	7	8	9	10
项目		石子粒径 19～25mm				
		混凝土强度等级				
		C15	C20	C25	C30	C35
材料	单位	数量				
水泥	kg	264.2	315.31	349.17	405.48	422.97
砂子	t	0.75	0.713	0.703	0.586	0.583
石子	t	1.327	1.317	1.298	1.359	1.353
水	m^3	0.21	0.21	0.2	0.2	0.19

预制混凝土配合比(三)　表 4-13

编号		11	12	13	14
项目		石子粒径 25～38mm			
		混凝土强度等级			
		C15	C20	C25	C30
材料	单位	数量			
水泥	kg	243.15	289.74	329.77	382.95
砂子	t	0.764	0.727	0.713	0.674
石子	t	1.353	1.343	1.317	1.303
水	m^3	0.19	0.19	0.19	0.19

3. 细石混凝土配合比

细石混凝土配合比　表 4-14

编号		1	2	3
项目		石子粒径 6～13mm		
		混凝土强度等级		
		C20	C25	C30
材料	单位	数量		
水泥	kg	359.07	409.84	447.46
砂子	t	0.792	0.736	0.662
石子	t	1.135	1.147	1.224
水	m^3	0.24	0.24	0.22

4. 水下混凝土配合比

水下混凝土配合比　　表 4-15

编号		1	2	3
项目		混凝土强度等级		
		C20	C25	C30
材料	单位	数量		
水泥	kg	366.54	401.25	447.46
砂子	t	0.766	0.764	0.738
石子(13～19mm)	t	0.57	0.57	0.57
石子(19～25mm)	t	0.57	0.57	0.57
水	m^3	0.24	0.23	0.22

第五章　与园林工程预算相关的资料

第一节　与种植相关的资料

具体相关资料(表 5-1～表 5-14)。

一、与种植深度相关的资料

1. 园林植物种植必需的最低土层厚度

园林植物种植必需的最低土层厚度(单位:cm)　　表 5-1

植被类型	草本花卉	草坪地被	小灌木	大灌木	浅根乔木	深根乔木
土层厚度	30	30	45	60	90	150

2. 常绿乔木类种植穴规格

常绿乔木类种植穴规格(单位:cm)　　表 5-2

树高	土球直径	种植穴深度	种植穴直径
150	40～50	50～60	80～90

续表

树高	土球直径	种植穴深度	种植穴直径
150～250	70～80	80～90	100～110
250～400	80～100	90～110	120～130
400 以上	140 以上	120 以上	180 以上

3. 落叶乔木类种植穴规格

落叶乔木类种植穴规格
（单位：cm） **表 5-3**

胸径	种植穴深度	种植穴直径
2～3	30～40	40～60
3～4	40～50	60～70
4～5	50～60	70～80
5～6	60～70	80～90
6～8	70～80	90～100
8～10	80～90	100～110

4. 花灌木类种植穴规格

花灌木类种植穴规格（单位：cm） **表 5-4**

冠径	种植穴深度	种植穴直径
200	70～90	90～110
100	60～70	70～90

5. 竹类种植穴规格

竹类种植穴规格(单位:cm)　表 5-5

种植穴深度	种植穴直径
盘根或土球深 20～40	比盘根或土球大 40～60

6. 绿篱类种植槽规格

绿篱类种植槽规格(单位: cm) 表 5-6

种植方式 苗高（深×高）	单行	双行
50～80	40×40	40×60
100～120	50×50	50×70
120～150	60×60	60×80

7. 大树移植记录表

大树移植记录表　　表 5-7

原栽地点	移植地点	树种	规格年龄（年）	移植日期	参加施工人员
技术措施					

年　月　日填表

8. 水生花卉最适水深

水生花卉最适水深　　表 5-8

类别	代表品种	最适水深（cm）	备注
沿生类	菖蒲、千屈菜	0.5～10	千屈菜可盆栽
挺水类	荷、宽叶香蒲	100 以内	—
浮水类	芡实、睡莲	50～300	睡莲可水中盆栽
漂浮类	浮萍、凤眼莲	浮于水面	根不生于泥土中

二、与种植土要求相关的资料

1. 种植土湿密度

种植土湿密度（单位：kg/m³）表 5-9

类别	湿密度
田园土	1500～1800
改良土	750～1300
无机复合种植土	450～650

2. 常用种植土配制

常用种植土配制　　表 5-10

主要配比材料	配制比例	湿密度（kg/m³）
田园土：轻质骨料	1：1	1200
腐叶土：蛭石：沙土	7：2：1	780～1000

续表

主要配比材料	配制比例	湿密度（kg/m³）
田园土：草炭：蛭石和肥料	4：3：1	1100～1300
田园土：草炭：松针土：珍珠岩	1：1：1：1	780～1100

3. 种植土物理性能

种植土物理性能　　表 5-11

项目	湿密度（kg/m³）	导热系数［W/(m·K)］	内部孔隙率（%）	有效水分（%）	排水速率（mm/h）
田园土	1500～1800	0.5	5	25	42
改良土	750～1300	0.35	20	37	58
无机复合种植土	450～650	0.046	30	45	200

4. 种植土理化指标

种植土理化指标　　表 5-12

项目	非毛管孔隙度（%）	PH 值	含盐量（%）	含氮量（g/kg）	含磷量（g/kg）	含钾量（g/kg）
理化指标	＞10	7.0～8.5	＜0.12	＞1.0	＞0.6	＞17

5. 初栽植物种植荷载

初栽植物种植荷载　　表 5-13

植物类型	小乔木（带土球）	大灌木	小灌木	地被植物
植物高度或面积	2.0～2.5m	1.5～2.0m	1.0～1.5m	1.0m²
植物荷重	0.8～1.2（kN/株）	0.6～0.8（kN/株）	0.3～0.6（kN/株）	0.15～0.3（kN/m²）
种植荷载（kN/m²）	2.5～3.0	1.5～2.5	1.0～1.5	0.5～1.0

6. 种植土厚度

种植土厚度（单位：mm）　表 5-14

种植土类型	种植土厚度			
	小乔木	大灌木	小灌木	地被植物
田园土	800～900	500～600	300～400	100～200
改良土	600～800	300～400	300～400	100～150
无机复合种植土	600～800	300～400	300～400	100～150

第二节　南、北方种植屋面植物的选择

具体内容（表 5-15～表 5-16）。

一、北方种植屋面选用植物

北方种植屋面选用植物　表 5-15

植物名称	特点	植物名称	特点
乔木类			
油松	耐寒，耐旱，观树形	紫叶李	稍耐阴，观花、叶
白皮松	稍耐阴，观树形	柿树	耐旱，观果、叶
桧柏	观树形	樱花	喜阳、观花
龙爪槐	稍耐阴，观树形	海棠	稍耐阴，观花、果
玉兰	稍耐阴，观花、叶	山楂树	稍耐阴，观花
灌木类			
植物名称	特点	植物名称	特点
大叶黄杨	耐旱，观叶	碧桃	观花
珍珠梅	喜阴，观花	迎春	观花、叶、枝
金叶女贞	稍耐阴，观叶	紫薇	观花、叶
连翘	耐半阴，观花、叶	果石榴	观花、果、枝

续表

植物名称	特点	植物名称	特点
榆叶梅	耐寒，耐旱，观花	平枝荀子	观花、果、枝
郁李	稍耐阴，观花、果	黄栌	耐旱，观花、叶
寿星桃	稍耐阴，观花、叶	天目琼花	喜阴，观果
丁香	稍耐阴，观花、叶	木槿	观花、果
红瑞木	观花、果、枝	腊梅	观花
月季	阳性，观花	黄刺梅	耐寒，耐旱，观花

地被植物

植物名称	特点	植物名称	特点
玉簪类	耐寒，耐热，观花、叶	铃兰	耐半阴，观花、叶
石竹类	耐寒，观花、叶	白三叶	耐半阴，观叶
小叶扶芳藤	观叶	五叶地锦	观叶
沙地柏	耐半阴，观叶	常春藤	观叶
油菜	观花，食用	台尔曼忍冬	观花、叶
辣椒	观赏，食用	景天类	耐旱，观果、叶
扁豆	观赏，食用	南瓜	观花、叶，食用
萝卜	观赏，食用	薯类	观叶，食用
大花秋葵	阳性，观花	丝瓜	观赏，食用
芍药	耐半阴，观花、叶	茄子	观赏，食用

二、南方种植屋面选用植物

南方种植屋面选用植物　表 5-16

乔木类			
植物名称	特　点	植物名称	特　点
棕榈	喜强光，生长缓慢	白玉兰	喜温湿，稍耐寒
苏铁	喜阳光，生于温暖、干燥之处	紫玉兰	喜温湿，喜光，怕涝
日本黑松	耐热、耐寒、耐旱、抗风	含笑	喜光，稍耐阴，不耐暴晒
罗汉松	喜温湿、半阴，耐寒性略差	海棠	不耐阴、耐寒、耐旱
蚊母	喜光、温湿，稍耐阴，耐修剪	海桐	喜光、温湿，稍耐阴
桂花	喜光，稍耐阴，不耐寒	龙爪槐	温带阳性树种，稍耐荫庇

灌木类			
植物名称	特　点	植物名称	特　点
棕竹	喜温湿，怕光	紫薇	喜光、温湿，稍耐寒
红花檵木	喜光、温湿，耐寒，耐旱	腊梅	喜光、耐阴，耐寒，耐旱
瓜子黄杨	喜半阴、耐修剪	寿星桃	喜光，耐旱
雀舌黄杨	喜光，稍耐阴，不耐寒	构骨	喜温湿，稍阴
大叶黄杨	喜光，耐阴	金橘	喜温湿，耐寒、耐旱

续表

灌木类			
植物名称	特　点	植物名称	特　点
栀子花	喜光、温湿，怕暴晒	夹竹桃	不耐寒
紫荆	喜光，湿润，不耐寒	茶花	喜温湿，半阴环境
珊瑚树	喜光、温湿，耐寒，稍耐阴	迎春	喜光，耐阴，不耐寒
桃叶珊瑚	喜温湿、耐阴，不耐寒	云南黄馨	喜光、温湿，稍耐阴
火棘	喜光	丝兰	喜温，耐寒

地被植物			
植物名称	特　点	植物名称	特　点
茉莉	略耐阴，不耐寒	垂盆花	喜温湿
美人蕉	喜温，耐寒	半支莲	喜温湿
大丽花	喜温，耐寒	菊花	略耐阴，耐寒
牡丹	喜温，耐寒	杜鹃	喜温湿，耐阴
葱兰	略耐阴，不耐寒	萱芒花	喜光，不耐阴
凤仙花	喜温湿	一串红	喜阳，耐寒
翠菊	喜光，半耐阴	彩叶芋	略耐阴，不耐寒
百日草	喜温，耐寒	鸡冠花	喜温，耐寒
矮牵牛	喜光，半耐阴	百枝莲	喜光，耐寒
月季	喜光、温湿，不耐阴	百合	略耐阴，耐寒

续表

藤本类			
植物名称	特　点	植物名称	特　点
葡萄	喜温，耐寒	常春藤	略耐阴，不耐寒
爬山虎	耐阴，耐寒	凌霄	喜温，耐寒
五叶地锦	喜温，耐寒	木香	喜温，耐寒
紫藤	喜光，耐寒	薜荔	喜温湿

第三节　园林常用的图示图例

具体内容（表 5-17～表 5-30，图 5-1～图 5-2）。

1. 园林建筑及总平面图图例

园林建筑及总平面图图例表 表 5-17

序号	名称	图例	说明
1	规划建筑物	▭	用粗实线表示
2	原有建筑物	▭	用中实线表示
3	规划扩建的预留地或建筑物	⬚	用中虚线表示

续表

序号	名称	图例	说明
4	拆除建筑		用细虚线表示
5	地下建筑		用粗虚线表示
6	坡屋顶建筑		包括瓦顶、石片顶、饰面砖顶等
7	草顶建筑或简易建筑		—
8	温室建筑		—
9	洪水淹没线		阴影部分表示淹没区（可在底图背面涂红）
10	地表排水方向		—
11	截水沟或排水沟	1 40.00	“1”表示1%的沟底纵向坡度，“40.00”表示变坡点的距离，箭头表示水流方向
12	排水明沟	107.50 1 40.00 107.50 1 40.00	“1”表示1%的沟底纵向坡度，“40.00”表示变坡点的距离，箭头表示水流方向，“107.50”表示沟底标高
13	铺砌的排水明沟	107.50 1 40.00	

续表

序号	名称	图例	说明
14	有盖的排水沟	$\frac{1}{40.00}$	“1”表示1%的沟底纵向坡度，“40.00”表示变坡点的距离，箭头表示水流方向
		$\frac{1}{40.00}$	
15	雨水井		—
16	消火栓井		—
17	急流槽		箭头表示水流方向
18	跌水		
19	拦水（闸）坝		—
20	透水路堤		边坡较长时，可在一端或两端局部表示
21	过水路面		—
22	室内标高	151.00(±0.00)	—
23	室外标高	●143.00 ▼143.00	室外标高也可采用等高线表示
24	护坡		—

续表

序号	名称	图例	说明
25	挡土墙	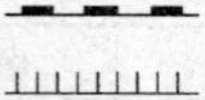	突出的一侧表示被挡土的一方
26	喷灌点		—
27	道路		—
28	铺装路面		—
29	台阶		箭头指向表示向上
30	铺砌场地	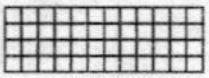	也可根据设计形态表示
31	车行桥	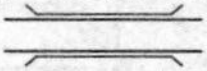	也可根据设计形态表示
32	人行桥	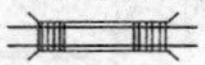	
33	亭桥	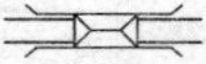	—
34	铁索桥		—
35	汀步		—

2. 园林小品设施图示

园林小品设施图示表　　表 5-18

序号	名称	图例	说明
1	喷泉		—
2	雕塑		—
3	花台		—
4	坐凳		—
5	花架		—
6	围墙	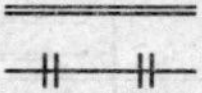	—
7	栏杆		—
8	园灯		—
9	饮水台		—
10	指示牌		—

3. 植物图示

植物图示表　　　　表 5-19

序号	名称	图例	说明
1	落叶阔叶乔木		(1)落叶乔、灌木均不填斜线；(2)常绿乔、灌木加画 45°细斜线；(3)阔叶树的外围线用弧裂形或圆形线；(4)针叶树的外围线用锯齿形的斜刺形线；(5)乔木外形成圆形；(6)灌木外形成不规则形，乔木图例中粗线小圆表示现有乔木，细线小十字表示设计乔木；(7)灌木图例中黑点表示种植位置；(8)凡大片树林可省略图例中的小圆、小十字及黑点
2	常绿阔叶乔木	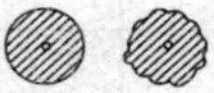	
3	落叶针叶乔木	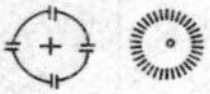	
4	常绿针叶乔木		
5	落叶灌木	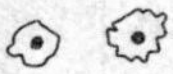	
6	常绿灌木		

续表

序号	名称	图例	说明
7	阔叶乔木疏林		—
8	针叶乔木疏林		常绿林或落叶林根据图面表现的需要加或不加45°细斜线
9	阔叶乔木密林		—
10	针叶乔木密林	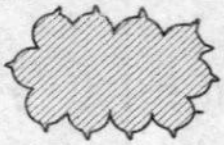	—
11	落叶灌木疏林		—
12	落叶花灌木疏林		—
13	常绿灌木密林		—
14	常绿花灌木密林	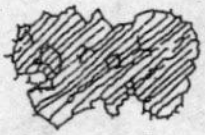	—

续表

序号	名称	图例	说明
15	自然形绿篱		—
16	整形绿篱		—
17	镶边植物		—
18	一、二年生草本花卉		—
19	多年生及宿根草本花卉		—
20	一般草皮		—
21	缀花草皮		—
22	整形树木		—
23	竹丛		—
24	棕榈植物	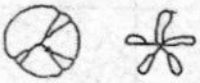	—
25	仙人掌植物	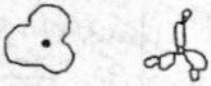	—
26	藤本植物		—
27	水生植物		—

4. 植物枝干、树冠图示

植物枝干、树冠图示表　表 5-20

序号	名称	图例	说明
1	主轴干侧分支形		—
2	主轴干无分支形		—
3	无主轴干多枝形		—
4	无主轴干垂枝形		—
5	无主轴干丛生形		—
6	无主轴干匍匐型	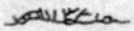	—
7	圆锥形		树冠轮廓线，凡针叶树用锯齿形；凡阔叶树用弧裂形表示
8	椭圆形		—

续表

序号	名称	图例	说明
9	圆球形		—
10	垂枝形		—
11	伞形		—
12	匍匐形		—

5. 风景园林图例

风景园林图例表　　　表 5-21

序号	名称	图例	说明
1	景点		—
2	古建筑		—
3	塔		—
4	宗教建筑		（佛教、道教、基督教……）
5	牌坊、牌楼		—

续表

序号	名称	图例	说明
6	溶洞		—
7	温泉		—
8	瀑布跌水		—
9	山峰		—
10	森林		—
11	古树名木		—
12	墓园		—
13	文化遗址		—
14	民风民俗		—
15	桥		—
16	动物园		—

续表

序号	名称	图例	说明
17	湖泊		—
18	海滩		溪滩也可以用此图例
19	奇石、礁石		—
20	陡崖		—
21	公共汽车站		—
22	风景区管理站		—
23	码头港口		—
24	餐饮服务点		—
25	医疗设施点		—
26	野营地		—
27	游泳场		—

续表

序号	名称	图例	说明
28	停车场	P	室内停车场外框用虚线表示
29	垃圾处理站、掩埋场	垃	—
30	旅游宾馆		—
31	度假村、疗养所		—
32	公用电话		—
33	消防站、消防专用房间		—
34	游船处		—
35	厕所	W.C.	—
36	银行、金融机构	¥	—
37	邮电所（局）		—
38	公安、保卫站		包括各级派出所、处、局
39	植物园		—

续表

序号	名称	图例	说明
40	烈士陵园		—

6. 园林建筑构件配件图例（GB/T 50104—2010）

园林建筑构件配件图例表　表 5-22

序号	名称	图例	备注
1	墙体	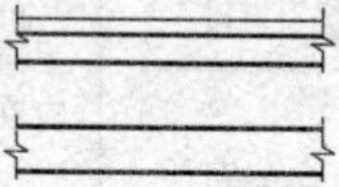	1. 上图为外墙，下图为内墙 2. 外墙细线表示有保温层或有幕墙 3. 应加注文字或涂色或图案填充表示各种材料的墙体 4. 在各层平面图中防火墙宜着重以特殊图案填充表示
2	隔断		1. 加注文字或涂色或图案填充表示各种材料的轻质隔断 2. 适用于到顶与不到顶隔断

续表

序号	名称	图例	备注
3	玻璃幕墙		幕墙龙骨是否表示由项目设计决定
4	栏杆		—
5	楼梯	下 下 上 上	1. 上图为顶层楼梯平面，中图为中间层楼梯平面，下图为底层楼梯平面 2. 需设置靠墙扶手或中间扶手时，应在图中表示
6	坡道	下	长坡道

续表

序号	名称	图例	备注
6	坡道	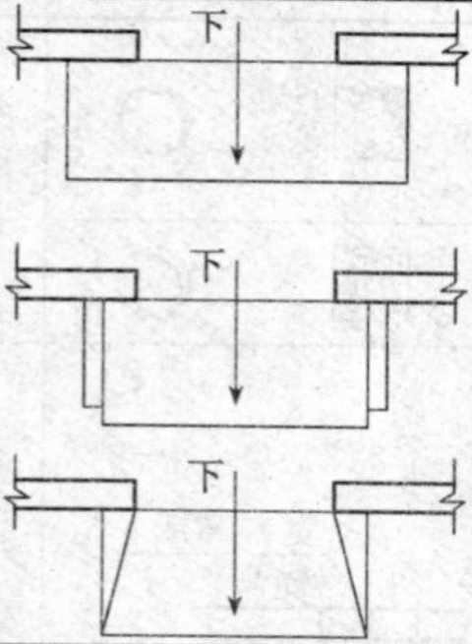 下 下 下	上图为两侧垂直的门口坡道，中图为有挡墙的门口坡道，下图为两侧找坡的门口坡道
7	台阶	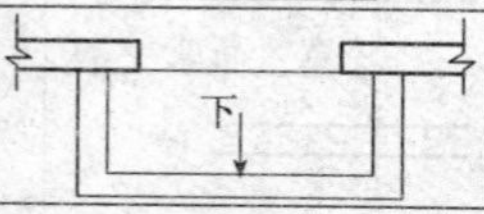 下	—
8	平面高差	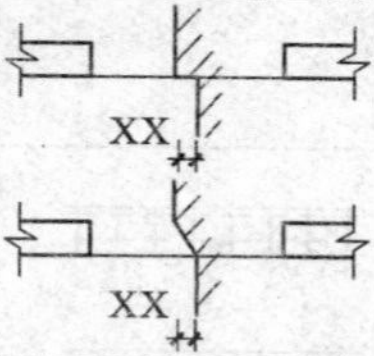 XX XX	用于高差小的地面或楼面交接处，并应与门的开启方向协调
9	检查口		左图为可见检查口，右图为不可见检查口

续表

序号	名称	图例	备注
10	孔洞		阴影部分亦可填充灰度或涂色代替
11	坑槽		—
12	墙预留洞、槽	宽×高或ϕ 标高 宽×高或ϕ×深 标高	1. 上图为预留洞，下图为预留槽 2. 平面以洞（槽）中心定位 3. 标高以洞（槽）底或中心定位 4. 宜以涂色区别墙体和预留洞（槽）
13	地沟		上图为有盖板地沟，下图为无盖板明沟

续表

序号	名称	图例	备注
14	烟道		1. 阴影部分亦可填充灰度或涂色代替 2. 烟道、风道与墙体为相同材料，其相接处墙身线应连通 3. 烟道、风道根据需要增加不同材料的内衬
15	风道		
16	新建的墙和窗		—

续表

序号	名称	图例	备注
17	改建时保留的墙和窗	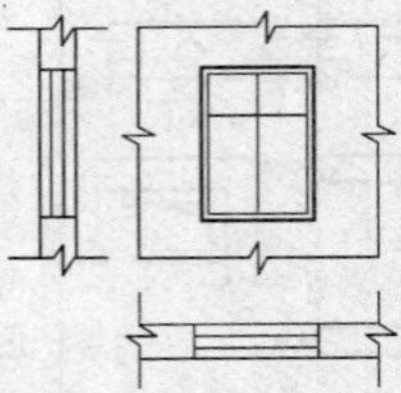	只更换窗，应加粗窗的轮廓线
18	拆除的墙	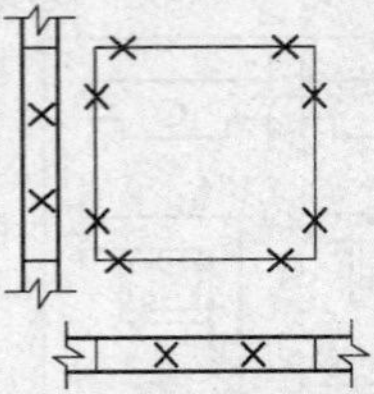	—
19	改建时在原有墙或楼板新开的洞	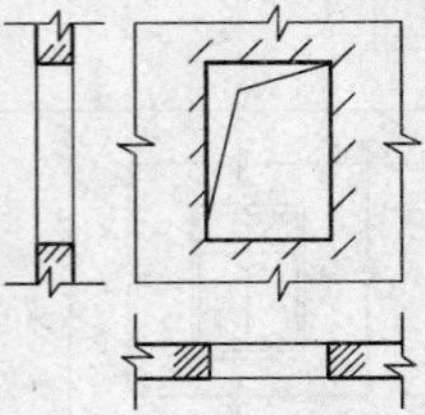	—

续表

序号	名称	图例	备注
20	在原有墙或楼板洞旁扩大的洞	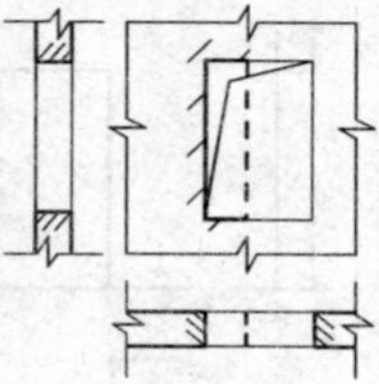	图示为洞口向左边扩大
21	在原有墙或楼板上全部填塞的洞	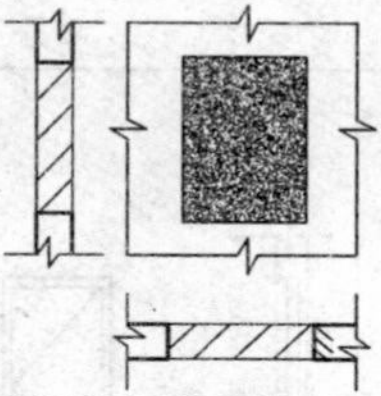	全部填塞的洞 图中立面填充灰度或涂色
22	在原有墙或楼板上局部填塞的洞	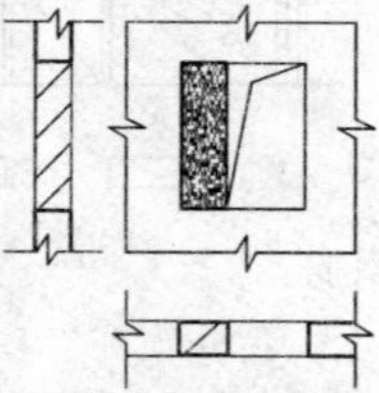	左侧为局部填塞的洞 图中立面填充灰度或涂色

续表

序号	名称	图例	备注
23	空门洞	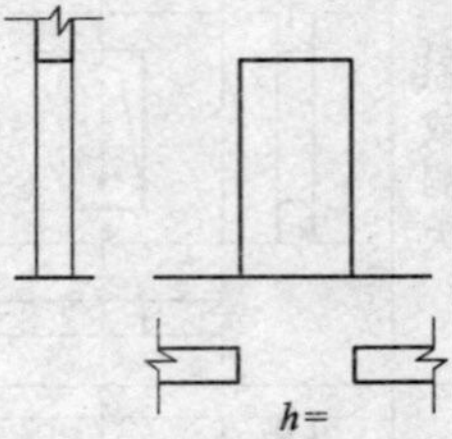 h=	h 为门洞高度
24	单面开启单扇门（包括平开或单面弹簧）	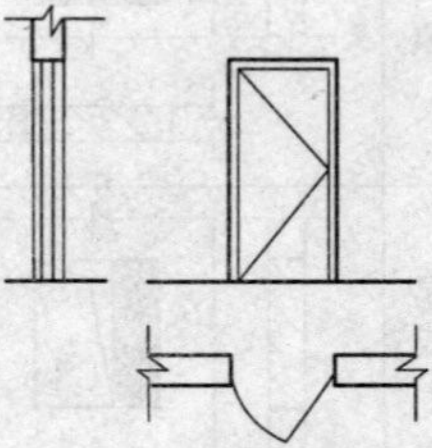	

续表

<table>
<tr><th>序号</th><th>名称</th><th>图例</th><th>备注</th></tr>
<tr><td rowspan="2">24</td><td>双面开启单扇门（包括双面平开或双面弹簧）</td><td>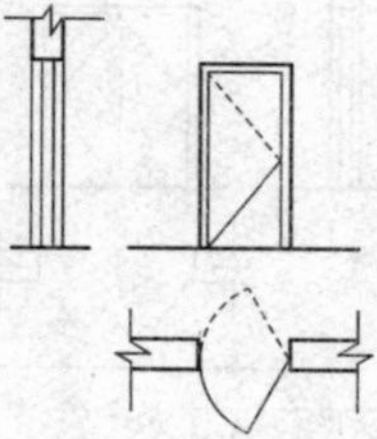</td><td rowspan="2">1. 门的名称代号用M表示
2. 平面图中，下为外，上为内；门开启线为90°、60°或45°，开启弧线宜绘出
3. 立面图中，开启线实线为外开，虚线为内开。开启线交角的一侧为安装合页一侧。开启线在建筑立面图中可不表示，在立面大样图中可根据需要绘出
4. 剖面图中，左为外，右为内
5. 附加纱扇应以文字说明，在平、立、剖面图中均不表示
6. 立面形式应按实际情况绘制</td></tr>
<tr><td>双层单扇平开门</td><td>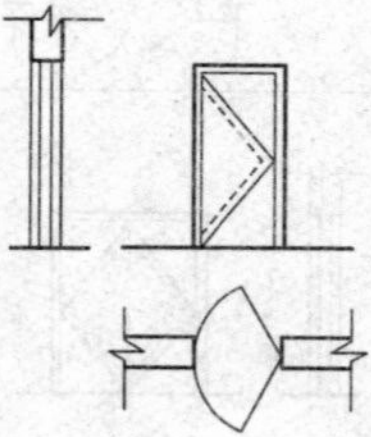</td></tr>
</table>

续表

序号	名称	图例	备注
	单面开启双扇门（包括平开或单面弹簧）	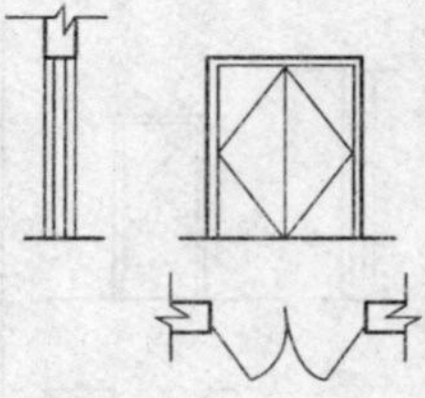	1. 门的名称代号用M表示 2. 平面图中，下为外，上为内；门开启线为90°、60°或45°，开启弧线宜绘出 3. 立面图中，开启线实线为外开，虚线为内开。开启线交角的一侧为安装合页一侧。开启线在建筑立面图中可不表示，在立面大样图中可根据需要绘出 4. 剖面图中，左为外，右为内 5. 附加纱扇应以文字说明，在平、立、剖面图中均不表示 6. 立面形式应按实际情况绘制
25	双面开启双扇门（包括双面平开或双面弹簧）		
	双层双扇平开门		

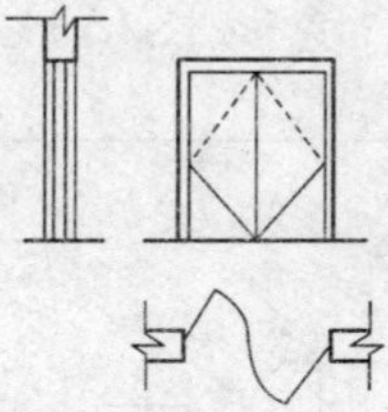

续表

序号	名称	图例	备注
26	折叠门	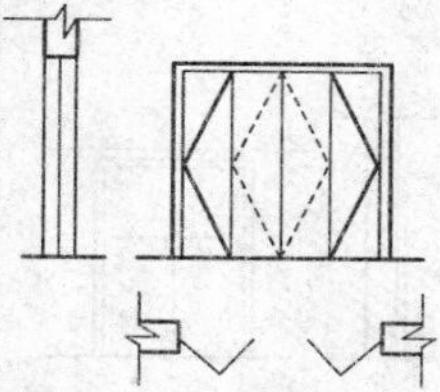	1. 门的名称代号用M表示 2. 平面图中，下为外，上为内 3. 立面图中，开启线实线为外开，虚线为内开。开启线交角的一侧为安装合页一侧 4. 剖面图中，左为外，右为内 5. 立面形式应按实际情况绘制
	推拉折叠门	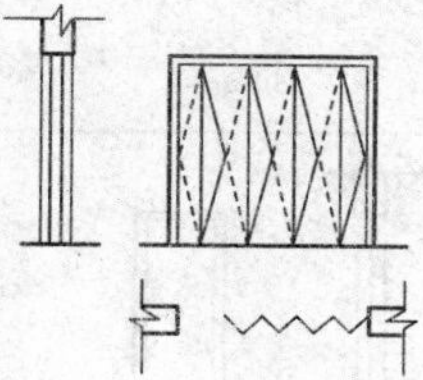	
27	墙洞外单扇推拉门	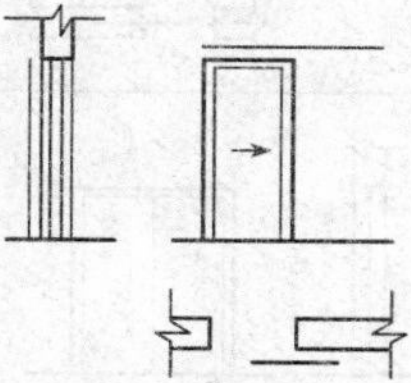	见后

续表

序号	名称	图例	备注
27	墙洞外双扇推拉门	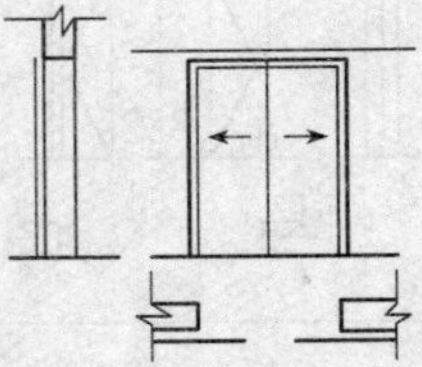	1. 门的名称代号用 M 表示 2. 平面图中，下为外，上为内 3. 剖面图中，左为外，右为内 4. 立面形式应按实际情况绘制
	墙中单扇推拉门	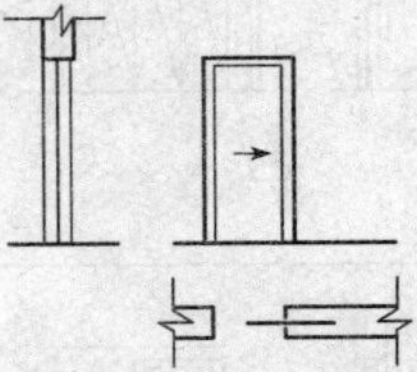	1. 门的名称代号用 M 表示 2. 立面形式应按实际情况绘制
	墙中双扇推拉门	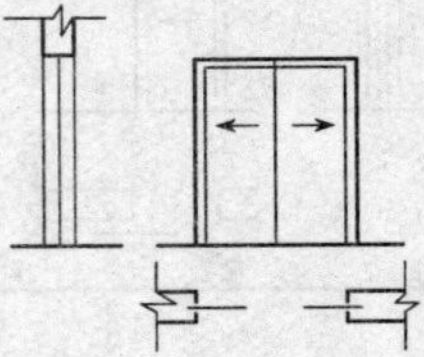	

续表

序号	名称	图例	备注
28	推拉门	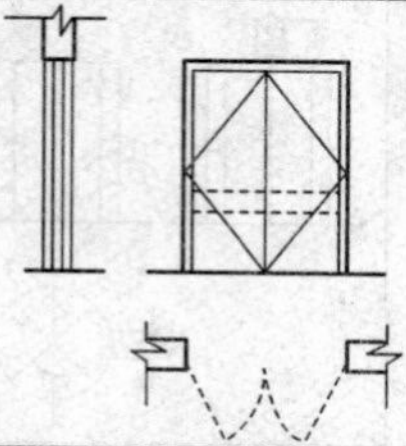	1. 门的名称代号用 M 表示 2. 平面图中，下为外，上为内；门开启线为 90°、60° 或 45° 3. 立面图中，开启线实线为外开，虚线为内开。开启线交角的一侧为安装合页一侧。开启线在建筑立面图中可不表示，在室内设计门窗立面大样图中需绘出 4. 剖面图中，左为外，右为内 5. 立面形式应按实际情况绘制
29	门连窗	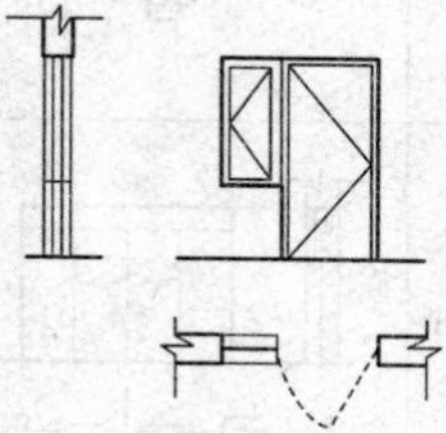	

续表

序号	名称	图例	备注
30	旋转门	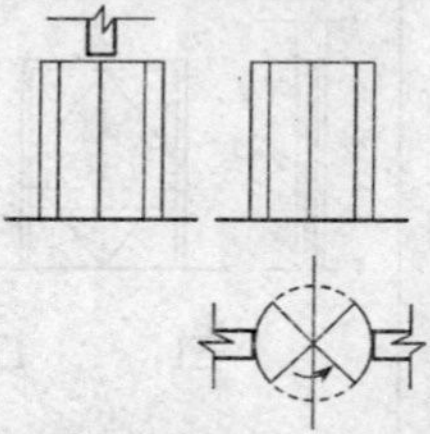	1. 门的名称代号用 M 表示 2. 立面形式应按实际情况绘制
	两翼智能旋转门	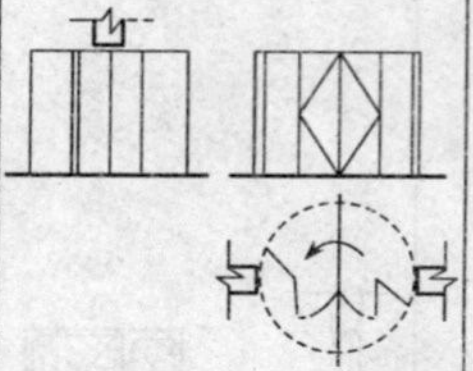	
31	自动门	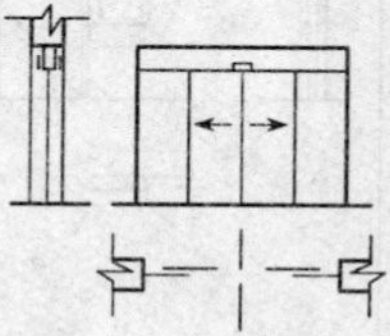	1. 门的名称代号用 M 表示 2. 立面形式应按实际情况绘制

续表

序号	名称	图例	备注
32	折叠上翻门	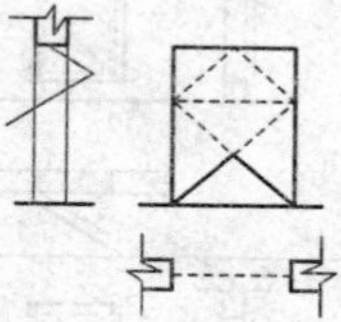	1. 门的名称代号用 M 表示 2. 平面图中，下为外，上为内 3. 剖面图中，左为外，右为内 4. 立面形式应按实际情况绘制
33	提升门	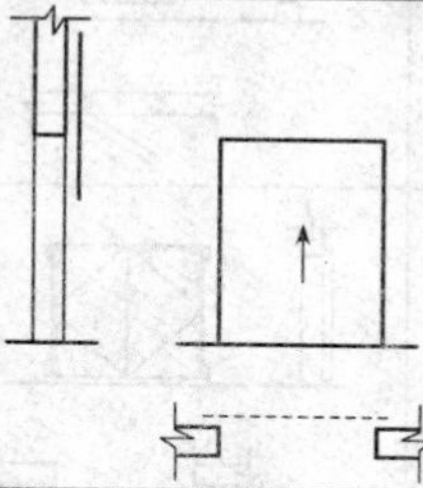	1. 门的名称代号用 M 表示 2. 立面形式应按实际情况绘制
34	分节提升门	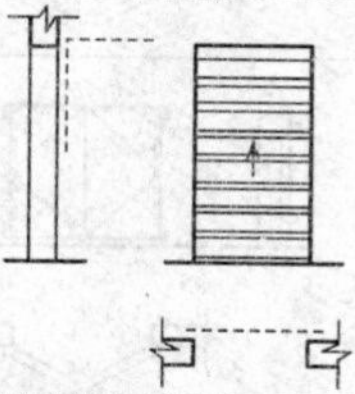	

续表

序号	名称	图例	备注
35	人防单扇防护密闭门	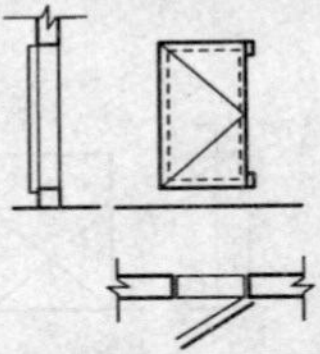	1. 门的名称代号按人防要求表示 2. 立面形式应按实际情况绘制
	人防单扇密闭门	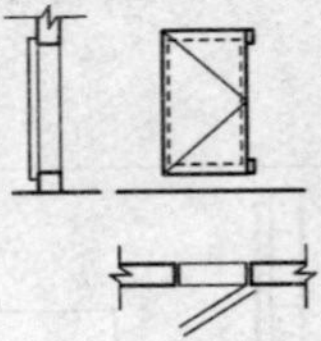	
36	人防双扇防护密闭门	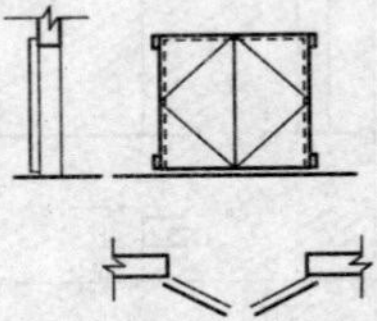	1. 门的名称代号按人防要求表示 2. 立面形式应按实际情况绘制
	人防双扇密闭门	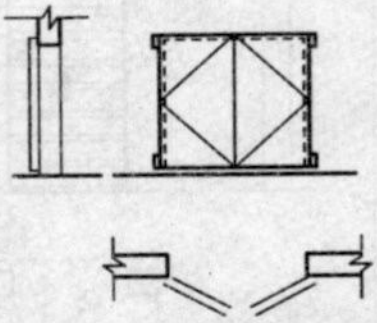	

续表

序号	名称	图例	备注
37	横向卷帘门	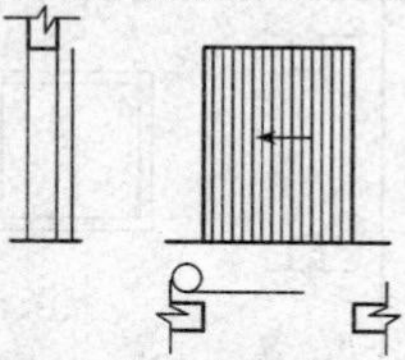	
	竖向卷帘门	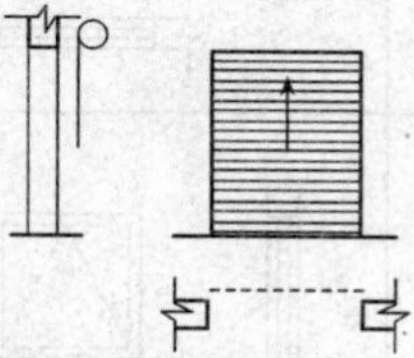	
	单侧双层卷帘门	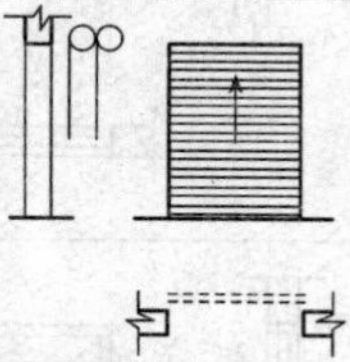	
	双侧单层卷帘门	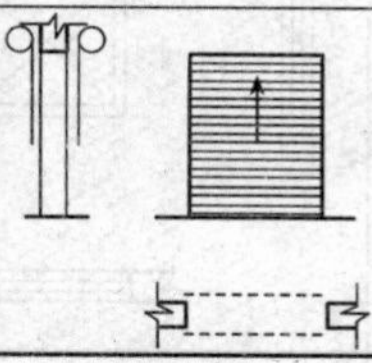	

续表

序号	名称	图例	备注
38	固定窗	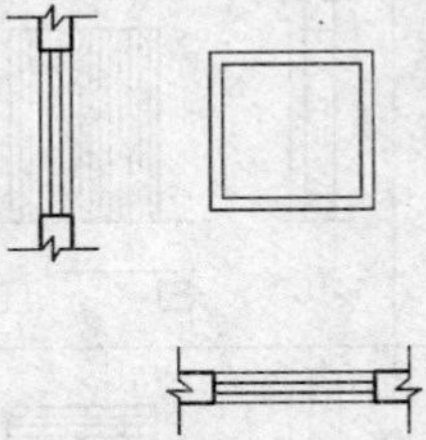	1. 窗的名称代号用C表示 2. 平面图中，下为外，上为内 3. 立面图中，开启线实线为外开，虚线为内开。开启线交角的一侧为安装合页一侧。开启线在建筑立面图中可不表示，在门窗立面大样图中需绘出 4. 剖面图中，左为外、右为内。虚线仅表示开启方向，项目设计不表示
39	上悬窗	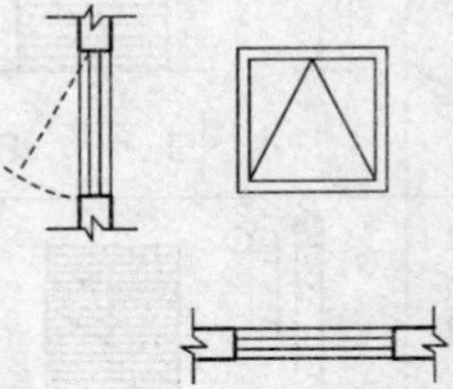	
	中悬窗	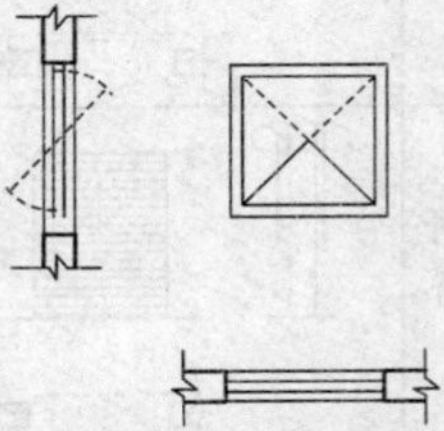	

续表

序号	名称	图例	备注
40	下悬窗	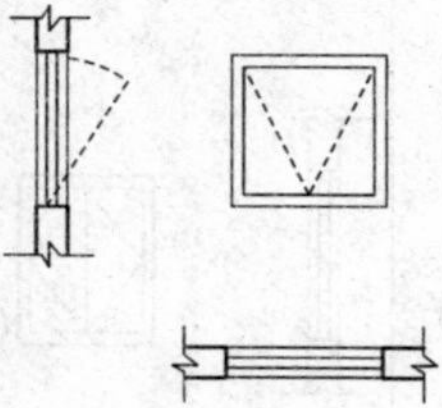	5. 附加纱窗应以文字说明，在平、立、剖面图中均不表示 6. 立面形式应按实际情况绘制
41	立转窗	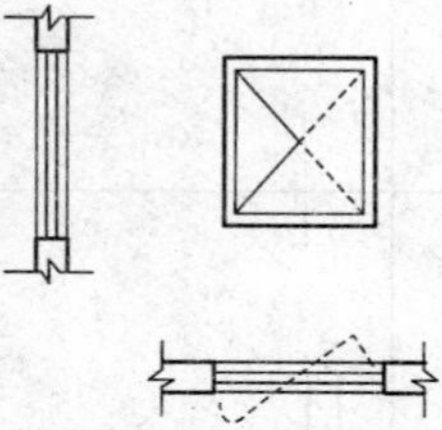	见后
42	内开平开内倾窗	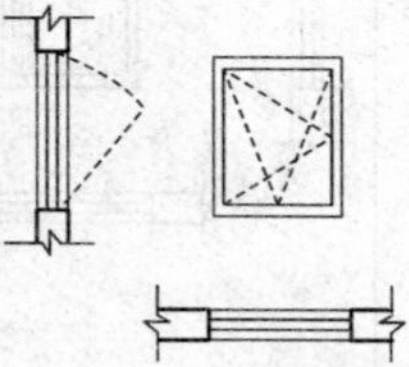	

续表

序号	名称	图例	备注
43	单层外开平开窗	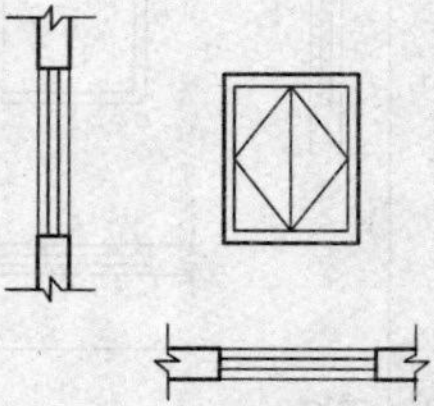	1. 窗的名称代号用C表示 2. 平面图中，下为外，上为内 3. 立面图中，开启线实线为外开，虚线为内开。开启线交角的一侧为安装合页一侧。开启线在建筑立面图中可不表示，在门窗立面大样图中需绘出 4. 剖面图中，左为外、右为内。虚线仅表示开启方向，项目设计不表示 5. 附加纱窗应以文字说明，在平、立、剖面图中均不表示 6. 立面形式应按实际情况绘制
	单层内开平开窗	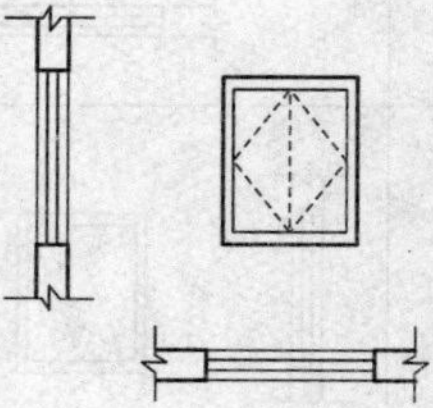	

续表

序号	名称	图例	备注
43	双层内外开平开窗	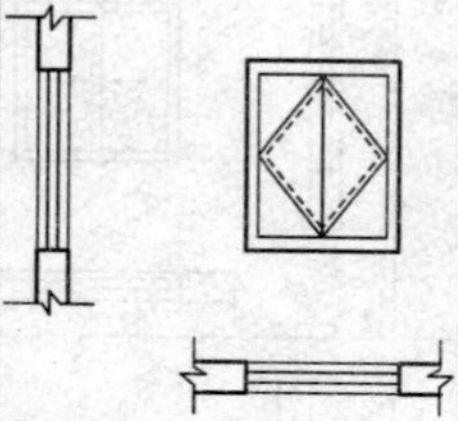	1. 窗的名称代号用C表示 2. 平面图中，下为外，上为内 3. 立面图中，开启线实线为外开，虚线为内开。开启线交角的一侧为安装合页一侧。开启线在建筑立面图中可不表示，在门窗立面大样图中需绘出 4. 剖面图中，左为外、右为内。虚线仅表示开启方向，项目设计不表示 5. 附加纱窗应以文字说明，在平、立、剖面图中均不表示 6. 立面形式应按实际情况绘制

续表

序号	名称	图例	备注
44	单层推拉窗	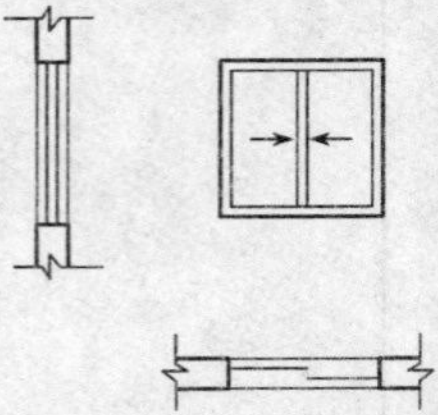	1. 窗的名称代号用 C 表示 2. 立面形式应按实际情况绘制
	双层推拉窗	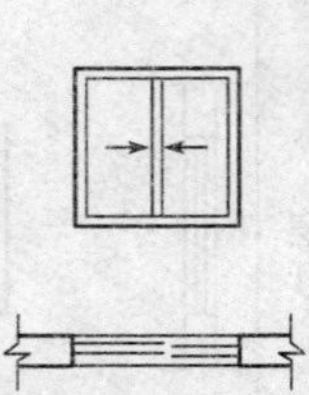	1. 窗的名称代号用 C 表示 2. 立面形式应按实际情况绘制
45	上推窗	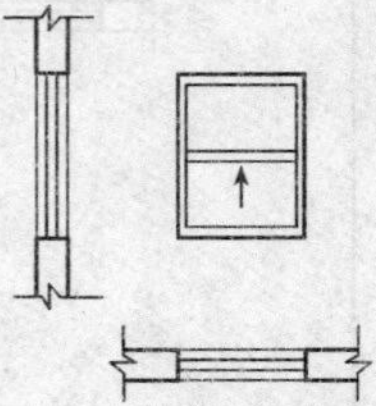	1. 窗的名称代号用 C 表示 2. 立面形式应按实际情况绘制

续表

序号	名称	图例	备注
46	百叶窗	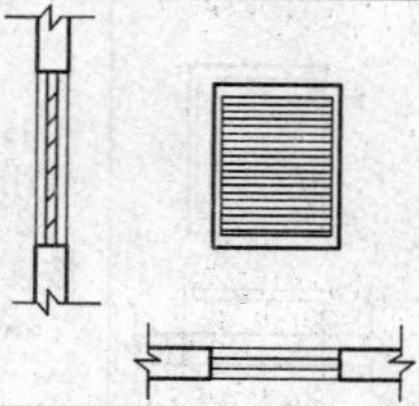	1. 窗的名称代号用C表示 2. 立面形式应按实际情况绘制
47	高窗	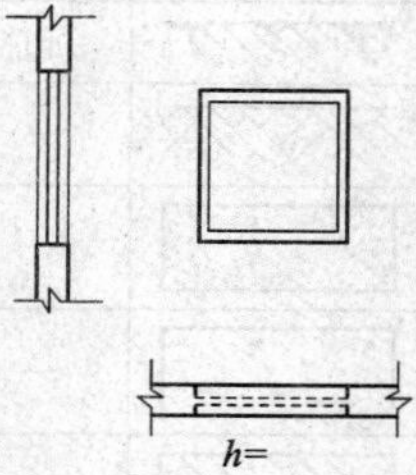 h=	1. 窗的名称代号用C表示 2. 立面图中，开启线实线为外开，虚线为内开。开启线交角的一侧为安装合页一侧。开启线在建筑立面图中可不表示，在门窗立面大样图中需绘出 3. 剖面图中，左为外、右为内 4. 立面形式应按实际情况绘制 5. h表示高窗底距本层地面高度 6. 高窗开启方式参考其他窗型

续表

序号	名称	图例	备注
48	平推窗		1. 窗的名称代号用C表示 2. 立面形式应按实际情况绘制

7. 常见园林建筑材料图例

常见园林建筑材料图例表　表 5-23

序号	名称	图例	备注
1	自然土壤		包括各种自然土壤
2	夯实土壤		—
3	砂、灰土		—
4	砂砾石、碎砖三合土		—
5	石材		—
6	毛石		—

续表

序号	名称	图例	备注
7	普通砖		包括实心砖、多孔砖、砌块等砌体。断面较窄不易绘出图例线时，可涂红，并在图纸备注中加注说明，画出该材料图例
8	耐火砖	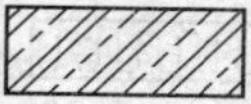	包括耐酸砖等砌体
9	空心砖		指非承重砖砌体
10	饰面砖		包括铺地砖、马赛克、陶瓷锦砖、人造大理石等
11	焦渣、矿渣	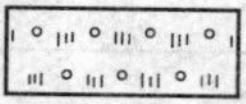	包括与水泥、石灰等混合而成的材料
12	混凝土		1. 本图例指能承重的混凝土及钢筋混凝土 2. 包括各种强度等级、骨料、添加剂的混凝土 3. 在剖面图上画出钢筋时，不画图例线 4. 断面图形小，不易画出图例线时，可涂黑
13	钢筋混凝土		

续表

序号	名称	图例	备注
14	多孔材料		包括水泥珍珠岩、沥青珍珠岩、泡沫混凝土、非承重加气混凝土、软木、蛭石制品等
15	纤维材料		包括矿棉、岩棉、玻璃棉、麻丝、木丝板、纤维板等
16	泡沫塑料材料	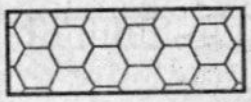	包括聚苯乙烯、聚乙烯、聚氨酯等多孔聚合物类材料
17	木材		1. 上图为横断面，左上图为垫木、木砖或木龙骨 2. 下图为纵断面
18	胶合板	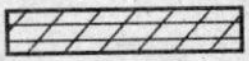	应注明为×层胶合板
19	石膏板	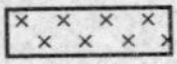	包括圆孔、方孔石膏板、防水石膏板、硅钙板、防火板等

续表

序号	名称	图例	备注
20	金属		1. 包括各种金属 2. 图形小时，可涂黑
21	网状材料		1. 包括金属、塑料网状材料 2. 应注明具体材料名称
22	液体		应注明具体液体名称
23	玻璃		包括平板玻璃、磨砂玻璃、夹丝玻璃、钢化玻璃、中空玻璃、夹层玻璃、镀膜玻璃等
24	橡胶		—
25	塑料		包括各种软、硬塑料及有机玻璃等
26	防水材料		构造层次多或比例大时，采用上图例
27	粉刷		本图例采用较稀的点

注：序号 1、2、5、7、8、13、14、16、17、18 图例中的斜线、短斜线、交叉斜线等均为 45°。

8. 结构常用构件代号

结构常用构件代号表　　表 5-24

序号	名称	代号	序号	名称	代号
1	板	B	17	轨道连接	DGL
2	屋面板	WB	18	车挡	CD
3	空心板	KB	19	圈梁	QL
4	槽形板	CB	20	过梁	GL
5	折板	ZB	21	连系梁	LL
6	密肋板	MB	22	基础梁	JL
7	楼梯板	TB	23	楼梯梁	TL
8	盖板或沟盖板	GB	24	框架梁	KL
9	挡雨板或檐口板	YB	25	框支梁	KZL
10	吊车安全走道板	DB	26	屋面框架梁	WKL
11	墙板	QB	27	檩条	LT
12	天沟板	TGB	28	屋架	WJ
13	梁	L	29	托架	TJ
14	屋面梁	WL	30	天窗架	CJ
15	吊车梁	DL	31	框架	KJ
16	单轨吊车梁	DDL	32	刚架	GJ

续表

序号	名称	代号	序号	名称	代号
33	支架	ZJ	44	水平支撑	SC
34	柱	Z	45	梯	T
35	框架柱	KZ	46	雨篷	YP
36	构造柱	GZ	47	阳台	YT
37	承台	CT	48	梁垫	LD
38	设备基础	SJ	49	预埋件	M—
39	桩	ZH	50	天窗端壁	TD
40	挡土墙	DQ	51	钢筋网	W
41	地沟	DG	52	钢筋骨架	G
42	柱间支撑	ZC	53	基础	J
43	垂直支撑	CC	54	暗柱	AZ

注：1. 预制混凝土构件、现浇混凝土构件、刚构件和木构件，一般可以采用本附录中的构件代号。在绘图中，除混凝土构件可以不注明材料代号外，其他材料的构件可在构件代号前加注材料代号，并在图纸中加以说明。

2. 预应力混凝土构件的代号，应在构件代号前加注“Y”，如 Y-DL 表示预应力混凝土吊车梁。

9. 常用钢筋代号及标注

（1）常用钢筋代号

常用钢筋代号表　　　表 5-25

牌号	符号	公称直径 d（mm）	屈服强度标准值 f_{yk}（N/mm²）	极限强度标准值 f_{yk}（N/mm²）
HPB300	Φ	6～22	300	420
HRB335 HRBF335	Φ $Φ^F$	6～50	335	455
HRB400 HRBF400 RRB400	Φ $Φ^F$ $Φ^R$	6～50	400	540
HRB500 HRBF500	Φ $Φ^F$	6～50	500	630

（2）常用钢筋标注

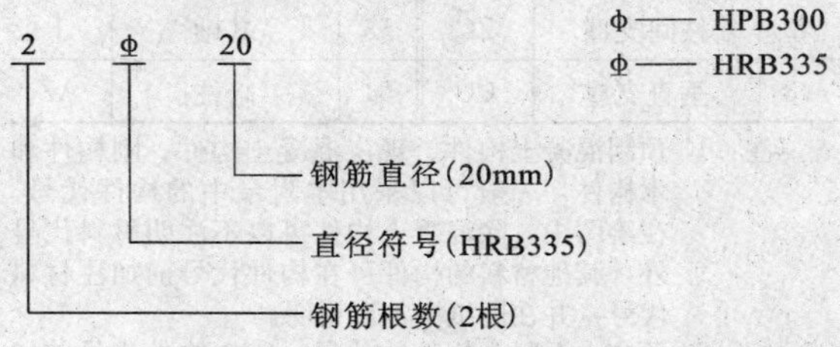

图 5-1　标注钢筋的根数和直径

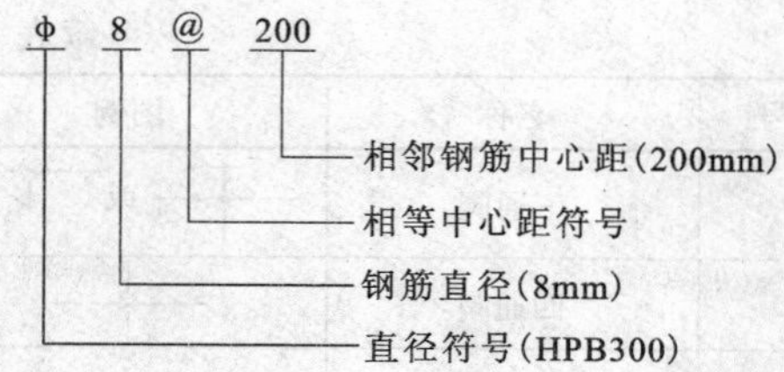

图 5-2　标注钢筋的直径和相邻钢筋中心距

10. 给排水及绿化浇灌系统图例

给排水及绿化浇灌系统图例表　　表 5-26

序号	名称	图例
1	喷泉	
2	阀门（通用）、截止阀	
3	闸阀	
4	手动调节阀	
5	球阀、转心阀	
6	碟阀	
7	角阀	或
8	平衡阀	

续表

序号	名称	图例
9	三通阀	或
10	四通阀	
11	节流阀	
12	膨胀阀	或
13	旋阀	
14	快放阀	
15	止回阀	
16	减压阀	或
17	法兰盖	
18	丝堵	
19	可曲挠橡胶软接头	
20	金属软管	
21	绝热管	
22	保护套管	
23	伴热管	
24	固定支架	

续表

序号	名称	图例
25	介质流向	或
26	坡度及坡向	i=0.003 或 i=0.003
27	套管伸缩器	
28	方形伸缩器	
29	刚性防水套管	
30	柔性防水套管	
31	波纹管	
32	可曲挠橡胶接头	
33	管道固定支架	
34	管道滑动支架	
35	立管检查口	
36	水泵	平面 系统
37	潜水泵	

续表

序号	名称	图例
38	定量泵	
39	管道泵	
40	清扫口	平面　系统
41	通气阀	成品　铝丝球
42	雨水斗	YD-平面　YD-系统
43	排水漏斗	平面　系统
44	圆形地漏	
45	方形地漏	
46	自动冲洗水箱	
47	挡墩	
48	减压孔板	

续表

序号	名称	图例
49	短管	
50	存水弯	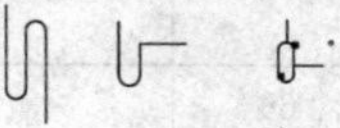
51	弯头	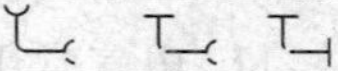
52	正三通	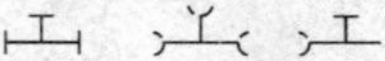
53	斜三通	
54	正四通	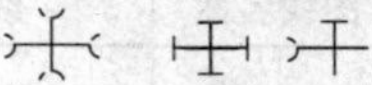
55	斜四通	
56	温度计	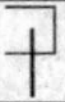
57	压力表	
58	自动记录压力表	
59	压力控制器	
60	水表	
61	pH 值传感器	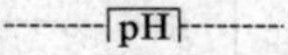 pH
62	温度传感器	 T

续表

序号	名称	图例
63	真空表	
64	氯传感器	Cl

11. 电气常用线型及线宽

电气常用线型及线宽表　有 5-27

<table>
<tr><th colspan="2">图线名称</th><th>线型</th><th>线宽</th><th>一般用途</th></tr>
<tr><td rowspan="5">实线</td><td>粗</td><td></td><td>b</td><td rowspan="2">本专业设备之间电气通路连接线、本专业设备可见轮廓线，图形符号轮廓线</td></tr>
<tr><td rowspan="2">中粗</td><td rowspan="2"></td><td>$0.7b$</td></tr>
<tr><td>$0.7b$</td><td rowspan="2">本专业设备可见轮廓线、图形符号轮廓线、方框线、建筑物可见轮廓</td></tr>
<tr><td>中</td><td></td><td>$0.5b$</td></tr>
<tr><td>细</td><td></td><td>$0.25b$</td><td>非本专业设备可见轮廓线、建筑物可见轮廓；尺寸、标高、角度等标注线及引出线</td></tr>
</table>

续表

<table>
<tr><th colspan="2">图线名称</th><th>线型</th><th>线宽</th><th>一般用途</th></tr>
<tr><td rowspan="5">虚线</td><td>粗</td><td></td><td>b</td><td rowspan="2">本专业设备之间电气通路不可见连接线；线路改造中原有线路</td></tr>
<tr><td rowspan="2">中粗</td><td rowspan="2"></td><td>0.7b</td></tr>
<tr><td>0.7b</td><td rowspan="2">本专业设备不可见轮廓线，地下电缆沟、排管区、隧道、屏蔽线、连锁线</td></tr>
<tr><td>中</td><td></td><td>0.5b</td></tr>
<tr><td>细</td><td></td><td>0.25b</td><td>非本专业设备不可见轮廓线及地下管沟、建筑物不可见轮廓线等</td></tr>
<tr><td rowspan="2">波浪线</td><td>粗</td><td></td><td>b</td><td rowspan="2">本专业软管、软护套保护的电气通路连接线、蛇形敷设线缆</td></tr>
<tr><td>中粗</td><td></td><td>0.7b</td></tr>
<tr><td colspan="2">单点长画线</td><td></td><td>0.25b</td><td>定位轴线、中心线、对称线；结构、功能、单元相同围框线</td></tr>
<tr><td colspan="2">双点长画线</td><td></td><td>0.25b</td><td>辅助围框线、假想或工艺设备轮廓线</td></tr>
</table>

续表

图线名称	线型	线宽	一般用途
折断线	——\/——	0.25b	断开界线

12. 常用比例

常用比例表　　表 5-28

序号	图名	常用比例	可用比例
1	电气总平面图、规划图	1∶500、1∶1000、1∶2000	1∶300、1∶5000
2	电气平面图	1∶50、1∶100、1∶150	1∶200
3	电气竖井、设备间、电信间、变配电室等平、剖面图	1∶20、1∶50、1∶100	1∶25、1∶150
4	电气详图、电气大样图	10∶1、5∶1、2∶1、1∶1、1∶2、1∶5、1∶10、1∶20	4∶1、1∶25、1∶50

13. 电气敷设及安装的标注

电气敷设及安装的标注表　表 5-29

序号	名称	文字符号	序号	名称	文字符号
线路敷设方式的标注			灯具安装方式的标注		
1	穿低压流体输送用焊接钢管（钢导管）敷设	SC	1	线吊式	SW

续表

序号	名称	文字符号	序号	名称	文字符号
线路敷设方式的标注			灯具安装方式的标注		
2	穿普通碳素钢电线套管敷设	MT	2	链吊式	CS
3	穿可挠金属电线保护套管敷设	CP	3	管吊式	DS
4	穿硬塑料导管敷设	PC	4	壁装式	W
5	穿阻燃半硬塑料导管敷设	FPC	5	吸顶式	C
6	穿塑料波纹电线管敷设	KPC	6	嵌入式	R
7	电缆托盘敷设	CT	7	吊顶内安装	CR
8	电缆梯架敷设	CL	8	墙壁内安装	WR
9	金属槽盒敷设	MR	9	支架上安装	S
10	塑料槽盒敷设	PR	10	柱上安装	CL
11	钢索敷设	M	11	座装	HM
12	直埋敷设	DB	—	—	—

续表

序号	名称	文字符号	序号	名称	文字符号
线路敷设方式的标注			灯具安装方式的标注		
13	电缆沟敷设	TC	—	—	—
14	电缆排管敷设	CE	—	—	—
线缆敷设部位的标注			—		
序号	名称	文字符号	—	—	—
1	沿或跨梁(屋架)敷设	AB	—	—	—
2	沿或跨柱敷设	AC	—	—	—
3	沿吊顶或顶板面敷设	CE	—	—	—
4	吊顶内敷设	SCE	—	—	—
5	沿墙面敷设	WS	—	—	—
6	沿屋面敷设	RS	—	—	—
7	暗敷设在顶板内	CC	—	—	—
8	暗敷设在梁内	BC	—	—	—
9	暗敷设在柱内	CLC	—	—	—
10	暗敷设在墙内	WC	—	—	—
11	暗敷设在地板或地面下	FC	—	—	—

14. 电气设备的标注

电气设备的标注表　　表 5-30

<table>
<tr><th>序号</th><th>名称</th><th>图例</th></tr>
<tr><td>1</td><td>投光灯，一般符号</td><td></td></tr>
<tr><td>2</td><td>聚光灯</td><td></td></tr>
<tr><td>3</td><td>泛光灯</td><td></td></tr>
<tr><td rowspan="9">4</td><td>C——吸顶灯</td><td rowspan="9">根据需要“★”用字母标注在图形符号旁边区别不同类型灯具。
例：⊗★表示为安全照明</td></tr>
<tr><td>E——应急灯</td></tr>
<tr><td>G——圆球灯</td></tr>
<tr><td>L——花灯</td></tr>
<tr><td>P——吊灯</td></tr>
<tr><td>R——筒灯</td></tr>
<tr><td>W——壁灯</td></tr>
<tr><td>EN——密封灯</td></tr>
<tr><td>LL——局部照明灯</td></tr>
<tr><td rowspan="6">5</td><td>1P——单相（电源）插座</td><td rowspan="6">★　★
根据需要“★”用字母标注在图形符号旁边区别不同类型插座</td></tr>
<tr><td>3P——单相（电源）插座</td></tr>
<tr><td>1C——单相暗敷（电源）插座</td></tr>
<tr><td>3C——三相暗敷（电源）插座</td></tr>
<tr><td>1EN——单相密闭（电源）插座</td></tr>
<tr><td>3EN——三相密闭（电源）插座</td></tr>
</table>

续表

序号	名称	图例
6	带指示灯的限时开关	⊗ t
7	按钮	◎
8	电动机	M
9	发电机	G
10	电度表	Wh
11	热能表	HM
12	楼层显示器	FI
13	防火卷帘控制器	RS
14	防火门磁释放器	RD
15	烟感探测器	
16	输出模块	O
17	输入模块	I
18	输入输出模块	I/O
19	压力开关	P
20	火灾警铃	

第四节　南、北方常用植物特性表

具体内容（表 5-31）。

南、北方常用植物特性表　表 5-31

序号	植物名称	种类	科名	生态习性	观赏特性及园林用途
1	黑松	常绿乔木	松科	强阳性，耐寒，要求海岸气候	庭荫树，行道树，防潮林，风景林
2	矮紫杉	常绿乔木	红豆杉科	阴性，耐寒，耐修剪	枝叶密生，庭园点缀、盆景、绿篱
3	冬青	常绿乔木	冬青科	喜光，稍耐阴，耐寒力尚强，喜温湿肥沃的沙质壤土	叶长卵形，花紫红色，有香气，花期5～6月
4	水葱	水生植物	莎草科	—	—
5	水晶蛇尾兰	水生植物	百合科	喜温暖半阴环境和排水良好的肥沃沙壤土，不耐霜冻	室内盆栽

续表

序号	植物名称	种类	科名	生态习性	观赏特性及园林用途
6	睡莲	水生植物	睡莲科	耐寒，喜强光与温暖环境	花白色，浆果球形，群花期 5～10 月，水景材料或观赏花卉
7	白睡莲	水生植物	睡莲科	耐寒性强，喜强光、温暖环境	叶圆形，亮绿，群花期5～10月，作水景、观赏花卉
8	荷花	水生植物	睡莲科	喜光，喜肥沃塘泥	花有白、淡红、深红，花期6～8 月，水景、观赏
9	宽叶香蒲	水生植物	香蒲科	喜温暖、向阳、湿润，较耐寒，适应强，生于沼泽、浅滩	叶宽剑形，花密集黄褐色，挺水观叶植物
10	大叶莲	水生植物	天南星科	喜温暖、湿润气候，不耐寒	—

续表

序号	植物名称	种类	科名	生态习性	观赏特性及园林用途
11	凤眼莲	水生植物	雨久花科	喜暖热气候，适生于肥沃的泥沼地，能随水漂流而广为传播	叶直立，花被青紫色，花中央鲜红色，花期7～9月，水景
12	虎耳草	草坪植物	虎耳草科	喜阴湿环境，在向阳阴湿地方也能生长，不甚耐寒	叶片肾形，上面深绿色，下面及叶柄紫红色，地被
13	马蹄金	草坪植物	旋花科	喜光，喜温暖湿润气候和肥沃土壤，抗性较强	观赏草坪
14	假俭草	草坪植物	禾本科	暖地型草种，喜光，稍耐半阴，耐旱、耐踏、耐修剪	粗壮，短节，多叶，草坪草

续表

序号	植物名称	种类	科名	生态习性	观赏特性及园林用途
15	草地早熟禾	草坪植物	禾本科	冷地型草种，喜温暖湿润气候，耐寒，冬生长繁茂，耐修	观赏性草坪草种
16	结缕草	草坪植物	禾本科	暖地型草种，喜光，不耐阴，再生力强，适应性强，抗高温，耐寒，抗旱	园林及运动场草坪，护堤植物
17	羊蹄甲	半常绿乔木	豆科	阳性，喜暖热气候，不耐寒	花玫瑰红，花期 10 月，行道树、庭荫树
18	芦荟	多肉多浆植物	百合科	喜光，喜暖热、干燥环境，不耐寒，喜排水良好、肥沃的沙质壤土，耐盐碱，不耐阴	叶灰绿色长尖，小花密集橙黄色，花期 7～8 月，盆栽观赏

续表

序号	植物名称	种类	科名	生态习性	观赏特性及园林用途
19	生石花	多肉多浆植物	番杏科	喜温暖干燥和阳光充足，畏强光及低温，宜排水良好砂砾土	叶淡灰褐色，花金黄色花期 9～10 月，盆栽观赏
20	芭蕉	多肉多浆植物	芭蕉科	阴性，不耐寒，宜湿润肥沃土壤	叶长椭圆形，花黄色，丛植于庭院背风向阳处
21	垂盆草	多肉多浆植物	景天科	喜温暖湿润气候，在半阴环境中生长良好，耐水湿，也耐干旱	茎纤细，平卧，叶倒披针形，花黄色
22	大花豹皮花	多肉多浆植物	萝藦科	夏季喜高温湿润，冬季休眠期喜温暖、阳光充足	茎粗壮，灰绿色，花具臭味，盆栽观赏

续表

序号	植物名称	种类	科名	生态习性	观赏特性及园林用途
23	大花美人蕉	多肉多浆植物	美人蕉科	喜阳光充足温热的环境，喜肥松的土壤，怕强风，不耐霜冻	叶阔椭圆形，花大，花色有乳白、淡黄、金黄、橘红、粉红、大红、洒金
24	龙舌兰	多肉多浆植物	龙舌兰科	喜阳光充足、温暖干燥，喜沙质土壤	叶宽肉质，盆栽观赏
25	龙须海棠	多肉多浆植物	番杏科	喜阳光充足、温暖环境，不耐寒	花粉红色或紫红色，3～5月开花，盆栽观赏、花坛
26	白花紫露草	多肉多浆植物	鸭跖草科	喜温暖、湿润和半阴的环境，耐干旱，不耐霜冻	叶长圆形，花小白色，花期夏秋，作吊盆、地被
27	白斑叶冷水花	多肉多浆植物	荨麻科	喜温暖湿润，能耐荫	叶卵状椭圆形，花期6～9月，观叶盆栽

续表

序号	植物名称	种类	科名	生态习性	观赏特性及园林用途
28	石莲花	多肉多浆植物	景天科	喜温暖干燥及通风良好环境，好阳光也半阴	花红色，顶端黄色，花期4～6月，盆栽观赏
29	矮宝绿	多肉多浆植物	番杏科	喜温暖，较耐旱，忌高温曝晒，忌寒冷	鲜绿色，有光泽，茎贴地面生长
30	白兰花	常绿乔木	木兰科	阳性，喜暖热，不耐寒，喜酸性土	花白色，浓香，花期5～9月，庭荫树、行道树
31	白皮松	常绿乔木	松科	阳性，适应干冷气候，抗污染力强	树皮白色雅净，庭荫树、行道树、园景树
32	白千层	常绿乔木	桃金娘科	阳性，喜温热，耐干旱和水湿，很不耐寒	树皮白色，树形优美，行道树、防护林
33	柏木	常绿乔木	柏科	中性，喜温暖多雨气候及钙质土，耐干旱瘠薄，抗寒力较强	墓道树，园景树，列植，对植，造林绿化

续表

序号	植物名称	种类	科名	生态习性	观赏特性及园林用途
34	侧柏	常绿乔木	柏科	阳性，耐寒，耐干旱瘠薄，抗污染	庭荫树，行道树，风景林，绿篱
35	赤松	常绿乔木	松科	强阳性，耐寒，要求海岸气候	庭荫树，行道树，园景树，风景林
36	垂叶榕	常绿乔木	桑科	喜温暖湿润环境，耐阴，不耐寒，要求排水良好酸性土壤	叶椭圆形，室内观叶植物
37	刺柏	常绿乔木	柏科	中性，喜温暖多雨气候及钙土	树冠狭圆锥形，小枝垂，列植、丛植
38	大花紫薇	常绿乔木	千屈菜科	阳性，喜暖热气侯，不耐寒	花淡紫红色，花期夏秋，庭荫观赏树、行道树
39	大叶桉	常绿乔木	桃金娘科	阳性，喜温热气候，喜湿润的酸中性土，极耐水湿，生长快	行道树，庭荫树，防风林

续表

序号	植物名称	种类	科名	生态习性	观赏特性及园林用途
40	杜松	常绿乔木	柏科	强阳性，耐寒，耐干瘠，抗海潮风	树冠狭圆锥形，列植、丛植、绿篱
41	广玉兰	常绿乔木	木兰科	喜光而幼年耐阴，喜温暖湿润气候，适合酸、中性土	花大、白色，花期6～7月，庭荫树、行道树
42	红豆杉	常绿乔木	红豆杉科	性喜气候较温暖多雨地方	树形端正，可孤植或群植或为绿篱用
43	红皮云杉	常绿乔木	松科	耐阴，耐寒，生长较快	树冠圆锥形，园景树，风景林
44	华山松	常绿乔木	松科	弱阳性，喜温凉湿润气候	庭荫树，行道树，园景树，风景林
45	火炬松	常绿乔木	松科	能耐干燥瘠薄，适应性较强，对松毛虫有一定的抗性	叶细而硬，亮绿色

续表

序号	植物名称	种类	科名	生态习性	观赏特性及园林用途
46	假槟榔	常绿乔木	棕榈科	阳性，喜温热气候，不耐寒	树形优美，行道树、丛植
47	苦槠	常绿乔木	壳斗科	喜光，耐干燥瘠薄，不耐寒，适合中、酸性土	枝叶茂密，防护林、工厂绿化、风景林
48	冷杉	常绿乔木	松科	阴性树种，喜冷湿气候，忌排水不良	树冠优美，丛植、群植
49	辽东冷杉	常绿乔木	松科	阴性，喜冷凉湿润气候，耐寒	树冠圆锥形，园景树，风景林
50	柳杉	常绿乔木	杉科	中性，喜温湿气候及酸性土	树冠圆锥形，列植、丛植、风景林
51	龙柏	常绿乔木	柏科	喜光树种，耐低温及干燥地	枝密，翠绿色，球果蓝黑，作绿篱
52	鹿角桧	常绿乔木	柏科	阳性，耐寒	丛生状，干枝向四周斜展，作庭园点缀

续表

序号	植物名称	种类	科名	生态习性	观赏特性及园林用途
53	椤木石楠	常绿乔木	蔷薇科	耐阴	花白色，梨果黄红色，作刺篱
54	木荷	常绿乔木	山茶科	喜温暖热湿气候，对土壤的适应性强，能耐干旱瘠薄土地	花期5月，树冠浓荫，花有芳香
55	木麻黄	常绿乔木	木麻黄科	阳性，喜暖热，耐干瘠及盐碱土	行道树，防护林，海岸造林
56	柠檬桉	常绿乔木	桃金娘科	极端阳性，喜温热气候，易受霜害，生长快	树干洁净，树姿优美，作行道树、风景林
57	铺地柏	常绿乔木	柏科	阳性，耐寒，耐干旱	匍匐灌木，布置岩石园、地被
58	千头柏	常绿乔木	柏科	阳性，耐寒性不如侧柏	树冠紧密，近球形，孤植、对植、列植
59	千头赤松	常绿乔木	松科	阳性，喜温暖气候，生长慢	树冠伞形，平头状，孤植、对植

续表

序号	植物名称	种类	科名	生态习性	观赏特性及园林用途
60	青冈栎	常绿乔木	山毛榉科	喜温暖多雨气候，较耐阴，喜钙质土，萌芽力强，耐修剪	枝叶茂密，庭荫树、背景树、风景林
61	日本扁柏	常绿乔木	柏科	耐阴，喜温暖湿润气候，稍耐干燥	树冠广圆锥形，园林绿化树种
62	日本花柏	常绿乔木	柏科	中性，耐寒性不强	园景树，丛植，列植
63	日本冷杉	常绿乔木	松科	耐阴性强，喜冷凉湿润气候及酸性土	树冠圆锥形，园景树，风景林
64	日本柳杉	常绿乔木	杉科	喜光，喜温暖湿润气候，忌干旱炎热	园林绿化树种，丛林式盆景
65	榕树	常绿乔木	桑科	阳性，喜暖热多雨气候及酸性土	树冠大而圆整，庭荫树、行道树、园景树

续表

序号	植物名称	种类	科名	生态习性	观赏特性及园林用途
66	砂地柏	常绿乔木	柏科	阳性，耐寒，耐干旱性强	匍匐状灌木，枝斜上，地被、保土、绿篱
67	山杜英	常绿乔木	杜英科	较耐阴，耐寒，忌排水不良，耐修剪	花黄白色，花期 7 月，庭荫树、背景树、行道树
68	深山含笑	常绿乔木	木兰科	能耐阴，不耐干旱及暴晒	花大、色白、芳香，花供观赏
69	台湾相思	常绿乔木	豆科	阳性，喜暖热气候，耐干瘠，抗风	花黄色，花期 4～6 月；庭荫树，行道树，防护林
70	王棕	常绿乔木	棕榈科	阳性，喜温热气候，不耐寒	树形优美；行道树，园景树，丛植
71	异心叶桉	常绿乔木	桃金娘科	好光，不耐荫庇，喜温暖湿润气候，能耐极端低温	花小、黄白色，园林绿化树种

续表

序号	植物名称	种类	科名	生态习性	观赏特性及园林用途
72	异叶南洋杉	常绿乔木	南洋杉科	喜温暖怕寒冷，耐荫，要求空气湿润，土壤松肥、排水良好	树冠塔形，大枝平伸，盆栽作会场、庭前点缀环境
73	银桦	常绿乔木	山龙眼科	阳性，喜温暖，不耐寒，生长快	干直冠大，花橙黄色，花期5月；庭荫树，行道树
74	印度橡胶树	常绿乔木	桑科	喜温暖湿润向阳的环境，喜光也能耐阴，不耐寒冷	托叶淡红，花红色，室内观叶植物
75	云杉	常绿乔木	松科	较耐阴，喜冷湿气候，忌排水不良	树冠尖塔形，苍翠壮丽，用于风景林等
76	樟树	常绿乔木	樟科	弱阳性，喜温暖湿润，不耐严寒，较耐水湿	树冠卵圆形，庭荫树，行道树，风景林

续表

序号	植物名称	种类	科名	生态习性	观赏特性及园林用途
77	紫楠	常绿乔木	樟科	喜阴亦耐阳	花带黄色，核果蓝黑色，花期5月，园林绿化树种
78	蓝桉	常绿乔木	桃金娘科	阳性，喜温暖，不耐寒，喜酸性土，不耐钙质土，生长快	行道树，庭荫树，造林绿化
79	蒲葵	常绿乔木	棕榈科	喜高温高湿，好阳光，亦能耐阴，喜湿润的黏质土	庭荫树，行道树，对植，丛植，盆栽
80	香榧	常绿乔木	红豆杉科	喜凉爽湿润，较耐寒，怕旱怕积水，宜排水好之微酸土生长	庭荫观赏树
81	圆柏	常绿乔木	柏科	中性，耐寒，稍耐湿，耐修剪	幼年树冠狭圆锥形；园景树，丛植，列植

续表

序号	植物名称	种类	科名	生态习性	观赏特性及园林用途
82	云片柏	常绿乔木	柏科	中性，喜凉爽湿润气候，不耐寒	树冠窄塔形；园景树，丛植，列植
83	棕榈	常绿乔木	棕榈科	中性，喜温湿气候，耐阴，耐寒，抗有毒气体	工厂绿化，行道树，对植，丛植，盆栽
84	北美红杉	常绿乔木	杉科	喜温暖阴湿环境，忌烈日高温、闷热干燥的气候	叶鳞状钻形、深绿色，观赏树种
85	垂枝雪松	常绿乔木	松科	阳性树，喜温凉气候，有一定耐寒能力，顶端有充足的光热	树冠尖塔形，高大优美，孤植、列植颇为壮观
86	杜英	常绿乔木	杜英科	喜温暖阴湿环境，要求排水良好、湿润肥沃土壤	树冠卵圆形，花期6～7月，绿化树种

续表

序号	植物名称	种类	科名	生态习性	观赏特性及园林用途
87	红松	常绿乔木	松科	弱阳性，喜冷凉湿润气候及酸性土	庭荫树，行道树，风景林
88	马尾松	常绿乔木	松科	强阳性，喜温湿气候，宜酸性土	造林绿化，风景林
89	墨西哥柏木	常绿乔木	柏科	喜光，耐干旱、贫瘠，耐寒，不耐水涝	小枝红色，鳞叶蓝绿色，绿化树种，群植、列植
90	南方红豆杉	常绿乔木	红豆杉科	喜温暖阴湿环境，忌炎烈暴晒，喜排水良好的酸性土	观果树种，风景林下作下木配置
91	南洋杉	常绿乔木	南洋杉科	阳性，喜暖热气候，很不耐寒	树冠圆锥形，园景树，行道树
92	日本榧树	常绿乔木	红豆杉科	喜温暖湿润气候，较耐寒，怕旱怕积水，耐碱性土壤	庭院观赏树种

续表

序号	植物名称	种类	科名	生态习性	观赏特性及园林用途
93	日本五针松	常绿乔木	松科	中性，较耐阴，不耐寒，生长慢	针叶细短、蓝绿色；盆景，盆栽
94	湿地松	常绿乔木	松科	强阳性，喜温暖气候，较耐水湿	庭荫树，行道树，造林绿化
95	香樟	常绿乔木	樟科	喜光树种，喜温暖湿润，稍耐阴，不耐寒，能抗风	庭荫树、行道树、风景林树种
96	樟叶槭	常绿乔木	槭树科	好光又耐阴，喜温暖湿润气候，较耐干燥瘠薄，不耐寒	绿化树种
97	中山柏	常绿乔木	柏科	喜光，适于半湿润气候，耐干旱、耐寒，不耐水涝	绿化树种，可群栽或列栽于庭院

续表

序号	植物名称	种类	科名	生态习性	观赏特性及园林用途
98	紫杉	常绿乔木	红豆杉科	阴性，喜冷凉湿润气候，耐寒	树形端正；孤植，丛植，绿篱
99	罗汉松	常绿乔木	罗汉松科	半阴性，喜温暖湿润气候，不耐寒	树形优美，观叶、观果；孤植，对植，丛植
100	杉木	常绿乔木	杉科	中性，喜温暖湿润气候及酸性土，速生	树冠圆锥形，园景树，造林绿化
101	雪松	常绿乔木	松科	弱阳性，耐寒性较强，抗污染力弱	树冠圆锥形，姿态优美，园景树，风景林
102	油松	常绿乔木	松科	强阳性，耐寒，耐干旱瘠薄和碱土	树冠伞形；庭荫树，行道树，园景树，风景林
103	大叶冬青	常绿乔木	冬青科	耐阴，喜温暖湿润土壤	叶大，花紫红色，花期5～6月，观果

续表

序号	植物名称	种类	科名	生态习性	观赏特性及园林用途
104	五针松	常绿乔木	松科	温带树种，喜光、耐半阴，忌湿畏热，宜造型，喜干燥地	观赏树木或树桩盆景
105	拐枣	落叶乔木	鼠李科	喜光，较耐寒，在土层深厚、湿润而排水良好处生长快	绿化行道树
106	白桦	落叶乔木	桦木科	强阳性，耐严寒，喜酸性土，速生	树皮白色美丽；庭荫树，行道树，风景林
107	池杉	落叶乔木	杉科	喜光树种，耐水湿，抗风力强	树冠狭圆锥形，秋色叶；水滨湿地绿化
108	臭椿	落叶乔木	苦木科	阳性，耐干瘠、盐碱，抗污染	树形优美；庭荫树，行道树工厂绿化
109	垂丝紫荆	落叶乔木	豆科	阳性，喜暖热气候，不耐寒	花冠玫瑰红色；行道树，庭园风景树

续表

序号	植物名称	种类	科名	生态习性	观赏特性及园林用途
110	豆梨	落叶乔木	蔷薇科	喜光，喜温暖湿润气候，抗旱，耐瘠薄，不耐寒、水、碱	叶广卵形，花白色，花期4月，园林绿化树种
111	枫香	落叶乔木	金缕梅科	阳性，喜温暖湿润气候，耐干瘠	秋叶红色，庭荫树，风景林
112	枫杨	落叶乔木	胡桃科	阳性，适应性强，耐水湿，速生	庭荫树，行道树，护岸树
113	凤凰木	落叶乔木	豆科	阳性，喜温热气候，不耐寒，速生	花红、美丽，花期5～8月；庭荫观赏树，行道树
114	构树	落叶乔木	桑科	阳性，适应性强，抗污染，耐干瘠	庭荫树，行道树，工厂绿化
115	旱柳	落叶乔木	杨柳科	阳性，耐寒湿，耐干旱，速生	庭荫树，行道树，护岸树

续表

序号	植物名称	种类	科名	生态习性	观赏特性及园林用途
116	合欢	落叶乔木	豆科	阳性、稍耐阴，耐寒，耐干旱瘠薄	花粉红色，花期6～7月；庭荫树，行道树
117	核桃楸	落叶乔木	胡桃科	强阳性，耐寒性强	庭荫树，行道树
118	黄葛树	落叶乔木	桑科	阳性，喜温热气候，不耐寒，耐热	冠大荫浓；庭荫树，行道树
119	箭杆杨	落叶乔木	杨柳科	阳性，适应干冷气候，稍耐盐碱土，生长快	树冠圆柱形；行道树，防护林，风景林
120	糠椴	落叶乔木	椴树科	弱阳性，喜冷冻湿润气候，耐寒	树姿优美，枝叶茂密；庭荫树，行道树
121	蓝花楹	落叶乔木	紫葳科	阳性，喜温热气候，不耐寒	花蓝色、美丽，花期5月；庭荫观赏树，行道树

续表

序号	植物名称	种类	科名	生态习性	观赏特性及园林用途
122	楝树	落叶乔木	楝科	喜光，不耐荫庇，喜温暖湿润气候，耐寒力不强，稍耐干旱	叶复叶，花紫色，果球形淡黄
123	流苏树	落叶乔木	木犀科	阳性，耐寒，也喜温暖，不耐水涝	花白色、美丽，花期5月；庭荫树，行道树，观赏树
124	麻栎	落叶乔木	山毛榉科	阳性，适应性强，耐干旱瘠薄，不耐盐碱土	庭荫树，防护林
125	梅花	落叶乔木	蔷薇科	喜温暖通风环境，耐寒、耐旱、忌涝	花白或淡红色
126	蒙椴	落叶乔木	椴树科	中性，喜冷冻湿润气候，耐寒	树姿优美，枝叶茂密；庭荫树，行道树

续表

序号	植物名称	种类	科名	生态习性	观赏特性及园林用途
127	墨西哥落羽杉	落叶乔木	杉科	半常绿至常绿性，强阳性树，喜温热湿润气候，极耐水湿	绿化观赏树种
128	木棉	落叶乔木	木棉科	中性，喜暖热气候，耐干旱，不耐寒，速生	花大、红色，花期2～3月；行道树，庭荫观赏树
129	苹果	落叶乔木	蔷薇科	温带喜光树种，耐寒耐干燥	叶卵形，花白色带红晕，花期4～5月，观果树种
130	浙江七叶树	落叶乔木	七叶树科	弱阳性，喜温暖湿润，不耐严寒	花白色，花期5～6月；庭荫树，行道树
131	沙梨	落叶乔木	蔷薇科	阳性，喜温暖湿润多雨气候，抗寒力较差	花白色，花期3～4月；庭园观赏，果树

续表

序号	植物名称	种类	科名	生态习性	观赏特性及园林用途
132	山皂荚	落叶乔木	豆科	阳性，耐寒，耐干旱，抗污染	树冠广阔，叶密荫浓；庭荫树，行道树
133	柿	落叶乔木	柿科	阳性树、略耐阴	叶大荫浓，果型大，赤橙色，观果树种
134	水曲柳	落叶乔木	木犀科	弱阳性、耐寒，不耐水涝，稍耐盐碱，喜肥沃湿润土壤	庭荫树，行道树
135	水杉	落叶乔木	杉科	阳性，喜温暖，较耐寒，耐盐碱，适应性强	树冠狭圆锥形；列植，丛植，风景林
136	乌桕	落叶乔木	大戟科	阳性，喜温暖湿润，耐水湿，抗风，不耐寒	秋叶红艳；庭荫树，堤岸树
137	五角枫	落叶乔木	槭树科	弱阳性，稍耐阴，喜温凉湿润气候，在中、酸土上均能生长	树形优美，叶果秀丽，可作庭荫树、行道树和防护林

续表

序号	植物名称	种类	科名	生态习性	观赏特性及园林用途
138	喜树	落叶乔木	蓝果树科	阳性，喜温暖，不耐寒和干旱，生长快	庭荫树，行道树
139	香果树	落叶乔木	茜草科	好光，幼龄树能耐阴，喜温暖气候和湿润肥沃土壤	花淡黄色，花期7月，庭荫观赏树
140	小叶朴	落叶乔木	榆科	中性，耐寒，耐干旱，抗有毒气体	庭荫树，绿化造林，盆景
141	新疆杨	落叶乔木	杨柳科	阳性，耐大气干旱及盐渍土，生长快	树冠圆柱形，优美；行道树，风景树，防护林
142	杏	落叶乔木	蔷薇科	阳性，耐寒，耐干旱，不耐涝	花粉红，花期3～4月；庭园观赏，片植
143	洋白蜡	落叶乔木	木犀科	阳性，耐寒，耐低湿	庭荫树，行道树，防护林
144	皂荚	落叶乔木	豆科	阳性，耐寒，耐干旱，抗污染	树冠广阔，叶密荫浓；庭荫树

续表

序号	植物名称	种类	科名	生态习性	观赏特性及园林用途
145	钻天杨	落叶乔木	杨柳科	阳性，喜温凉气候，耐水湿，耐寒，耐干燥	树冠圆柱形，行道树，防护林，风景树
146	白梨	落叶乔木	蔷薇科	阳性，喜干冷气候，耐寒	花白色，花期4月；庭园观赏，果树
147	刺槐	落叶乔木	豆科	阳性，适应性强，怕荫庇和水湿，浅根性，生长快	花白色，花期5月；行道树，庭荫树，防护林
148	落羽杉	落叶乔木	杉科	喜温暖湿润气候，喜光不耐荫庇，特耐水湿	树冠狭锥形，秋色叶；护岸树，风景林
149	白花泡桐	落叶乔木	玄参科	喜光，宜温凉气候，耐寒，耐旱，耐热，忌积水涝洼	花先叶开放，花冠大、白色，花期4月，行道树，观赏树种
150	白蜡树	落叶乔木	木犀科	弱阳性，耐寒，耐低湿，抗烟尘	庭荫树，行道树，提岸树

续表

序号	植物名称	种类	科名	生态习性	观赏特性及园林用途
151	薄壳山核桃	落叶乔木	胡桃科	阳性，喜温湿气候，较耐水湿，耐寒	庭荫树，行道树，干果树
152	檫木	落叶乔木	樟科	枝条粗壮，近圆柱形，多少具棱角	叶大如掌，绿化观赏树种
153	鹅掌楸	落叶乔木	木兰科	中性偏阴树种，喜温暖湿润避风，耐寒性强，忌高温	花黄绿色，花期4～5月；庭荫观赏树，行道树
154	红花刺槐	落叶乔木	豆科	极喜光，怕荫庇和水湿	花红色，美丽庭荫树，行道树
155	黄檀	落叶乔木	豆科	喜光，耐干燥瘠薄，在酸碱性土壤上均生长。深根性	叶长圆形，花淡黄色，庭荫树造林树种
156	加杨	落叶乔木	杨柳科	阳性，喜温凉气候，耐水湿、盐碱	行道树，庭荫树，防护林

续表

序号	植物名称	种类	科名	生态习性	观赏特性及园林用途
157	苦楝	落叶乔木	楝科	好光，喜温暖湿润气候，不耐寒。耐轻微盐碱，不耐干旱	树冠宽阔平展，花大、淡紫色，庭荫树、行道树
158	毛白杨	落叶乔木	杨柳科	阳性，喜温凉气候，抗旱，抗污染，速生	行道树，庭荫树，防护林
159	毛泡桐	落叶乔木	玄参科	强阳性，喜温暖，较耐寒，耐热，忌积水	白花有紫斑，花期4～5月；庭荫树，行道树
160	美国山核桃	落叶乔木	胡桃科	喜光，耐湿，耐寒	树冠伞形，绿化树种
161	南京椴	落叶乔木	椴树科	喜阳光，亦耐阴，多生在山坡土层深厚、湿润肥沃土壤	叶卵形，花聚伞形淡黄色有香味，花期6～7月，行道树、庭园树

续表

序号	植物名称	种类	科名	生态习性	观赏特性及园林用途
162	南酸枣	落叶乔木	漆树科	阳性、稍耐阴，喜温暖湿润气候，怕水淹，不耐寒	冠大荫浓；庭荫树，行道树
163	泡桐	落叶乔木	玄参科	阳性，喜温暖气候，耐寒，耐旱，耐热，忌积水，速生	花白色，花期4月；庭荫树，行道树
164	青桐	落叶乔木	梧桐科	阳性树种，喜温暖气候，忌涝，不耐修剪	庭荫树、行道树
165	青杨	落叶乔木	杨柳科	阳性，耐干冷气候，不耐水淹，生长快	行道树，庭荫树，防护林
166	山桐子	落叶乔木	大风子科	喜光，喜温暖湿润气候，要求湿润排水良好的土壤。较耐寒	花绿黄色、芳香，花期5～6月，庭院树及行道树

续表

序号	植物名称	种类	科名	生态习性	观赏特性及园林用途
167	水松	落叶乔木	杉科	喜温暖湿润而阳光充足的气候，土壤易湿润而带酸性	树冠狭圆锥形，庭荫树，防风、护堤树
168	无患子	落叶乔木	无患子科	弱阳性，喜温湿，不耐寒，抗风	树冠广卵形；庭荫树，行道树
169	梧桐	落叶乔木	梧桐科	喜光，喜湿润肥沃的沙质土壤。肉质根，不耐水湿	叶大，庭荫树和行道树
170	香椿	落叶乔木	楝科	喜光，耐寒差，喜湿润肥沃的土壤，耐轻度盐渍土，耐水湿	叶大，花白色、芳香，花期5～6月，行道树和庭荫树
171	杨梅	落叶乔木	杨梅科	稍耐阴，不耐寒，喜温暖湿润气候	果深红、紫红、白等，果期6月，观赏和绿化树种

续表

序号	植物名称	种类	科名	生态习性	观赏特性及园林用途
172	银白杨	落叶乔木	杨柳科	阳性，适应寒冷干燥气候	行道树，庭荫树，风景林，防护林
173	羽叶栾树	落叶乔木	无患子科	喜光、能耐半阴，不择土质，耐寒，耐瘠薄、盐碱，根系深长	花黄色，秋日变红色，花期8～9月，庭院观赏树和行道树
174	羽叶槭	落叶乔木	槭树科	阳性，喜冷凉气候，耐烟尘	庭荫树，行道树，防护林
175	重阳木	落叶乔木	大戟科	阳性，喜温暖气候，耐水湿，抗风，不耐寒	行道树，庭荫树，堤岸树
176	核桃	落叶乔木	胡桃科	喜光树种，耐寒，忌涝及湿热，忌盐碱	枝叶茂盛，绿荫覆地，孤植、丛植，庭荫树
177	板栗	落叶乔木	山毛榉科	阳性，北方品种耐寒、耐旱，南方品种耐寒、耐旱较差	庭荫树，干果树

续表

序号	植物名称	种类	科名	生态习性	观赏特性及园林用途
178	金钱松	落叶乔木	松科	喜酸性或沙质壤土，喜光性强，耐寒，不耐干旱	树冠圆锥形，秋叶金黄；庭荫树，园景树
179	桑	落叶乔木	桑科	喜光，喜温暖湿润气候，耐寒、耐干旱、畏积水	绿化及经济树种
180	紫椴	落叶乔木	椴树科	中性，耐寒性强，抗污染	树姿优美，枝叶茂密；庭荫树，行道树
181	刺楸	落叶乔木	五加科	弱阳性，适应性强，深根性，速生，抗旱，耐寒，忌积水	庭荫树，行道树
182	糙叶树	落叶乔木	榆科	喜温暖湿润气候，在潮湿、肥沃而深厚的土壤生长良好	叶卵形，果球形，庭院树及池畔配景树

续表

序号	植物名称	种类	科名	生态习性	观赏特性及园林用途
183	杜仲	落叶乔木	杜仲科	阳性树种，喜温暖湿润气候	叶椭圆状卵形，花与叶同时开放，庭荫树
184	胡桃	落叶乔木	胡桃科	阳性，耐干冷气候，不耐湿热	庭荫树，行道树，干果树
185	榔榆	落叶乔木	榆科	弱阳性，喜温暖，耐干旱，抗烟尘及毒气	树形优美；庭荫树，行道树，盆景
186	绒毛白蜡	落叶乔木	木犀科	阳性，耐低洼、盐碱地，耐水涝，抗污染	庭荫树，行道树，工厂绿化
187	栓皮栎	落叶乔木	山毛榉科	阳性，适应性强，耐干旱，不耐积水	庭荫树，防护林
188	榆树	落叶乔木	榆科	阳性，适应性强，耐旱，耐寒，耐盐碱土	庭荫树，行道树，防护林
189	厚壳树	落叶乔木	紫草科	喜温暖湿润和肥沃土壤，耐寒	叶长椭圆形，花白色、芳香，花期5～6月，观赏树种

续表

序号	植物名称	种类	科名	生态习性	观赏特性及园林用途
190	苦茶槭	落叶乔木	槭树科	弱阳性，耐寒，耐干燥，忌水涝，抗烟尘	秋叶红色，翅果成熟前红色；庭园风景林
191	秤锤树	落叶乔木	安息香科	阳性树种，喜深厚肥沃、排水良好沙质壤土，耐旱，忌水淹	叶椭圆形，聚伞花序白色，花期4～5月，观赏树木，盆栽
192	二球悬铃木	落叶乔木	悬铃木科	喜光，不耐阴	叶大，行道树，庭园绿化树种
193	槐树	落叶乔木	豆科	阳性，耐寒，抗性强，耐修剪	枝叶茂密，树冠宽广；庭荫树，行道树
194	江南桤木	落叶乔木	桦木科	好光，喜温暖水湿环境，对土壤要求不高	绿化树种，公路行道树
195	龙爪槐	落叶乔木	豆科	阳性，耐寒，抗性强，耐修剪	枝下垂，树冠伞形；庭园观赏，对植，列植

续表

序号	植物名称	种类	科名	生态习性	观赏特性及园林用途
196	国槐	落叶乔木	豆科	喜光树种，耐寒耐旱，喜肥沃湿润土壤，不耐阴湿	树冠伞形，枝屈曲，庭荫树、行道树
197	朴树	落叶乔木	榆科	阳性，适应性强，抗污染，耐水湿	庭荫树，盆景
198	楸树	落叶乔木	紫葳科	阳性、稍耐阴，不耐干旱和水湿，萌芽力强	白花有紫斑，花期5月；庭荫观赏树，行道树
199	日本晚樱	落叶乔木	蔷薇科	喜光、较耐寒，喜深厚肥沃土壤	花大，淡红色、有香气，花期4～5月，庭荫树
200	珊瑚朴	落叶乔木	榆科	喜光，小时稍耐阴，对土壤要求不高	叶宽大，黄绿色，早春布满红色花序，核果橙红色
201	丝绵木	落叶乔木	卫矛科	中性，耐寒，耐水湿，抗污染	枝叶秀丽，秋果红色；庭荫树，水边绿化

续表

序号	植物名称	种类	科名	生态习性	观赏特性及园林用途
202	中华槭	落叶乔木	槭树科	好光、稍耐阴，喜温凉湿润气候，宜排水良好土壤，怕水涝	花小、绿白色，花期5月，观赏树种
203	梓树	落叶乔木	紫葳科	弱阳性，适生于温带地区，不耐干燥瘠薄，抗污染	花黄白色，花期5～6月；庭荫树，行道树
204	银白槭	落叶乔木	槭树科	好光，喜温凉气候，耐寒耐干燥，忌水涝，宜排水良好土壤	幼枝红紫色，花黄绿色，花期3月，观赏树木
205	白榆	落叶乔木	榆科	阳性树种，耐干旱耐寒冷耐修剪	叶椭圆形，庭荫树，行道树
206	白玉兰	落叶乔木	木兰科	阳性树种、略耐阴，较耐寒，喜湿润，怕水淹	叶倒卵形，花先叶开放，色白芳香，花期3月

续表

序号	植物名称	种类	科名	生态习性	观赏特性及园林用途
207	垂柳	落叶乔木	杨柳科	阳性，喜温暖及水湿，耐旱，速生	枝细长下垂；庭荫树，观赏树，护岸树
208	涤柳	落叶乔木	杨柳科	阳性，耐寒，耐湿，耐旱，速生	庭荫树，行道树，护岸树
209	河柳	落叶乔木	杨柳科	喜光，喜温暖湿润气候及酸、中性土壤。较耐寒，耐水湿	托叶大二而显著，用于湖泊池塘河流两岸绿化
210	黄连木	落叶乔木	漆树科	弱阳性，耐干旱瘠薄，抗污染	秋叶橙黄或红色；庭荫树，行道树
211	榉树	落叶乔木	榆科	弱阳性，喜温暖，耐烟尘	树形优美，庭荫树，行道树，盆景
212	龙爪柳	落叶乔木	杨柳科	阳性，耐寒，生长势较弱，寿命短	枝条扭曲如龙游；庭荫树，观赏树
213	栾树	落叶乔木	无患子科	阳性，较耐寒，耐干旱，抗烟尘	花金黄色，花期 6～7 月；庭荫树，行道树，观赏树

续表

序号	植物名称	种类	科名	生态习性	观赏特性及园林用途
214	馒头柳	落叶乔木	杨柳科	阳性，耐寒，耐湿，耐旱，速生	树冠半球形；庭荫树，行道树，护岸树
215	全缘栾树	落叶乔木	无患子科	阳性，喜温暖气候，较耐寒	花黄金色，花期8～9月，果淡红色；庭荫树，行道树
216	三角枫	落叶乔木	槭树科	弱阳性，喜温湿气候，较耐水湿	庭荫树，行道树护岸树，风景林
217	三角槭	落叶乔木	槭树科	好光、稍耐阴，喜温暖湿润的气候，酸中性土均能适应	庭荫树、行道树，密植形成绿篱
218	山樱花	落叶乔木	蔷薇科	喜光，耐寒，适应性强，但根系较浅，不耐水湿	花白色或粉红，花期4～5月，庭荫树、行道树
219	吴茱萸	落叶乔木	芸香科	阳性，喜温暖湿润，抗污染，怕涝	枝干青翠，叶大荫浓；庭荫观赏树

续表

序号	植物名称	种类	科名	生态习性	观赏特性及园林用途
220	腺柳	落叶乔木	杨柳科	喜光、不耐阴，较耐寒，喜潮湿肥沃的土壤	初夏枝梢新叶为鲜红色，湖泊池塘岸边的防护林
221	银杏	落叶乔木	银杏科	阳性，耐寒，耐干旱，抗多种有毒气体	秋叶黄色，庭荫树，行道树，孤植，对植
222	元宝槭	落叶乔木	槭树科	中性，喜温凉气候，抗风，怕水涝	秋叶黄或红色；庭荫树，行道树，风景林
223	枳具	落叶乔木	鼠李科	阳性，喜温暖气候，尚能耐旱	叶大荫浓；庭荫树，行道树
224	毛白杜鹃	半常绿灌木	杜鹃花科	喜半阴温凉气候、酸性土壤，忌碱忌涝，较耐热，不耐寒	花白色芳香，花期 4～5 月，盆栽观赏
225	忍冬	半常绿灌木	忍冬科	喜阳也耐阴，耐寒性强，耐干旱和水湿，酸、碱土壤能适应	花冠由白变黄色，有香气，果浆球形黑色，作遮阴和地被，盆景

续表

序号	植物名称	种类	科名	生态习性	观赏特性及园林用途
226	素方花	半常绿灌木	木犀科	喜温暖向阳的环境和排水良好的土壤，适应性强	花白色外带红色、芳香，花期7～8月，观赏花木
227	探春花	半常绿灌木	木犀科	喜温暖湿润、向阳的环境和肥沃的土壤	花黄色，花期5月，为园景植物，盆景
228	胶州卫矛	半常绿灌木	卫矛科	喜阴湿环境，较耐寒，适合微酸性壤土、中性土	适宜老树旁、岩石边配置，盆栽
229	木香花	半常绿灌木	蔷薇科	喜光，较耐寒，不畏热，忌水涝，耐修剪	花白色、芳香，花期5～6月，作棚架、山石、墙垣
230	郁香忍冬	半常绿灌木	忍冬科	喜光也耐半阴，好肥沃湿润土壤，耐旱，忌涝	花白色、带粉红斑纹，香气浓郁，花期2～3月，观赏树木

续表

序号	植物名称	种类	科名	生态习性	观赏特性及园林用途
231	一串红	灌木	唇形科	喜温暖向阳，耐半阴，不耐霜冻，喜排水良好的肥沃土壤	花冠鲜红色，花坛，盆栽，花期 7～10 月
232	狗尾红	灌木	大戟科	喜温暖，好阳光，要求排水良好土壤，不耐寒，为温室植物	叶阔卵形，花紫红色，观赏小灌木，花期 8～12 月
233	金银忍冬	灌木	忍冬科	好光、稍耐阴，适应性强。耐寒，耐瘠薄干燥	花冠唇形，白色变金黄色芳香，花期 5～6 月；观赏，盆栽
234	龙牙花	灌木	豆科	喜阳光温暖，耐湿，不耐寒，耐干燥瘠薄，适应范围广	叶菱状卵形，花冠深红色不展开，花期 6～7 月，观花植物

续表

序号	植物名称	种类	科名	生态习性	观赏特性及园林用途
235	木绣球	落叶或半常绿灌木	忍冬科	喜光、稍耐阴，较耐寒，不耐涝，喜深厚肥沃砂质土壤	聚伞花序，色乳白，花期4～5月，观赏花木
236	杠柳	蔓性灌木	萝藦科	喜阳光，耐干旱、水湿，适应性强，根系发达	固堤绿化植物
237	珊瑚豆	小灌木	茄科	喜温暖向阳环境和排水良好的土壤，耐酷暑，耐寒性不强	花白，浆果橙红色或黄色，作盆栽、花坛，花期夏秋
238	黄蝉	直立灌木	夹竹桃科	喜高温多湿、阳光充足的环境，要求排水好的土，不耐寒	花冠漏斗状，鲜黄色，观花，盆栽庭院、厅堂

续表

序号	植物名称	种类	科名	生态习性	观赏特性及园林用途
239	金脉爵床	直立灌木	爵床科	喜温暖湿润半阴环境也耐强光，不耐寒，要求排水好的壤土	叶长圆状卵形，深绿色，秋季开花，盆栽观叶
240	代代花	常绿灌木	芸香科	喜阳光，宜温暖湿润气候，要求排水良好的土壤，耐寒性差	叶椭圆形，花白色，芳香，花期5～8月，观赏花木
241	钝齿冬青	常绿灌木	冬青科	喜光、亦耐半阴，较耐寒，忌水湿，喜排水良好、酸性土壤	叶密生，花小、白色，花期6月，作盆栽、绿篱
242	扶芳藤	常绿灌木	卫矛科	耐阴，不甚畏光，不甚耐寒、旱	绿叶紫果；攀附花格、墙面、山石、老树干

续表

序号	植物名称	种类	科名	生态习性	观赏特性及园林用途
243	狗牙花	常绿灌木	夹竹桃科	喜高温、湿润、向阳的环境和排水良好的肥沃土壤，不耐寒	花白色，全年开花，盆栽观赏
244	红背桂花	常绿灌木	大戟科	喜温暖湿润气候，耐半阴，不耐寒，忌暴晒，喜排水好的土壤	花淡黄色，花期 6～8 月，盆栽观叶
245	黄馨	常绿灌木	木犀科	喜光、能耐阴，不耐寒，喜温暖避风	春季黄花绿叶相衬，艳丽可爱，植于水边驳岸
246	基及树	常绿灌木	紫草科	喜光，喜温暖和湿润，不耐霜冻，耐修剪	叶簇生，核果三角形，红色盆景材料
247	假连翘	常绿灌木	马鞭草科	喜温暖、湿润，好阳光、稍耐阴，不耐寒	叶倒卵形，花冠蓝紫色，观赏花木

续表

序号	植物名称	种类	科名	生态习性	观赏特性及园林用途
248	金银花	常绿灌木	忍冬科	喜光、也耐阴，耐寒，半常绿	花黄色、白色，芳香，花期5～7月；攀缘小型棚架
249	蔓长春花	常绿灌木	夹竹桃科	喜温暖、湿润和半阴环境，耐寒力较弱	叶卵形深绿色光泽，花冠蓝色，花期4～6月，地被、盆栽
250	茉莉花	常绿灌木	木犀科	喜温暖湿润、光照足和通风好的环境	花白色、芳香，花期6～9月，盆栽点缀
251	软叶刺葵	常绿灌木	棕榈科	好光，亦耐阴，喜高温、高湿的气候和湿润肥沃的土壤	叶亮绿色，枣红色，盆栽观赏
252	珊瑚花	常绿灌木	爵床科	喜温暖湿润的环境，不耐寒，要求含有机质排水好的沙壤土	花紫红色，盆栽观赏花卉

续表

序号	植物名称	种类	科名	生态习性	观赏特性及园林用途
253	一品红	常绿灌木	大戟科	喜高温及阳光充足空气流通环境，不耐寒，需排水良好土壤	花大鲜红色，另有白、粉红，花期12～2月，冬季盆花
254	银脉爵床	常绿灌木	爵床科	喜温暖、湿润、半阴的环境，不耐霜冻，不耐旱	叶深绿色有光泽，花冠金黄色，花期11～12月，盆栽观赏植物
255	硬骨凌霄	常绿灌木	紫葳科	喜温暖湿润和阳光充足环境，不耐寒	花冠喇叭形，橙红色或鲜红色，花期6～10月，庭院布置盆花
256	鸳鸯茉莉	常绿灌木	茄科	喜温暖湿润环境，略耐阴，喜肥，不耐涝，喜排水良好的微酸性土壤	花紫色渐变白色，花期4～10月，盆栽观赏

续表

序号	植物名称	种类	科名	生态习性	观赏特性及园林用途
257	云锦杜鹃	常绿灌木	杜鹃花科	喜温暖湿润半阴环境，怕强光直射，忌碱土和排水不良黏土	花大、粉红色、芳香，花期5月，群植片植或点缀溪流、山崖处
258	紫金牛	常绿灌木	紫金牛科	喜温暖、荫庇和湿润的环境，要求通风、排水良好的壤土	花白色或淡粉红色，浆果鲜红色，花期5～6月，地被植物
259	八角金盘	常绿灌木	五加科	强阴树种，喜温暖，畏酷热	叶大有光泽，花白，观叶树种
260	含笑	常绿灌木	木兰科	中性，喜温暖湿润气候及酸性土	花淡紫色、浓香，花期4～5月；庭园观赏，盆栽
261	胡颓子	常绿灌木	胡颓子科	喜光而耐阴，抗寒性尚强，适宜排水良好、湿润肥沃的土壤	秋花银白芳香，红果期5月；基础种植，盆景

续表

序号	植物名称	种类	科名	生态习性	观赏特性及园林用途
262	龙吐珠	常绿灌木	马鞭草科	喜温暖湿润和阳光充足，不耐寒，要求排水良好的沙质壤土	花白色后转粉红色，花期7～9月，盆栽花卉
263	络石	常绿灌木	夹竹桃科	喜光又耐阴，耐旱，怕水淹	花白色、芳香，花期5月；攀缘墙垣、山石，盆栽
264	马缨丹	常绿灌木	马鞭草科	喜阳光、耐干旱，不耐寒，要求排水良好、疏松、肥沃的壤土	叶卵形，花橙黄、红、青紫，花期夏秋，盆栽观赏
265	木半夏	常绿灌木	胡颓子科	喜光又耐阴，耐寒，耐修剪	枝展开红褐色，花黄白色有香味，花期5月，作盆栽盆景
266	青木	常绿灌木	山茱萸科	极耐阴，夏季畏日灼，喜温暖湿润环境和不甚耐寒，抗污染性强	叶有光泽，花紫色，果鲜红色，果期3～4月，观叶，盆栽

续表

序号	植物名称	种类	科名	生态习性	观赏特性及园林用途
267	散尾葵	常绿灌木	棕榈科	喜温暖湿润，耐半阴，不耐寒。喜排水良好、疏松肥沃的土壤	叶黄绿色，花小，金黄色，盆栽室内观赏
268	桃叶珊瑚	常绿灌木	山茱萸科	性耐阴，喜温暖湿润气候，排水良好土壤	花紫色，果鲜红色，花期3～4月，观叶灌木，盆栽
269	乌冈栎	常绿灌木	壳斗科	好光而耐阴，适应性强	绿化树种
270	香桃木	常绿灌木	桃金娘科	喜温暖湿润气候，较耐阴，不耐寒，宜在排水良好、湿润肥沃地生长	花白色，浆果紫褐色，花期5月，孤植、丛植或绿篱
271	鸭嘴花	常绿灌木	爵床科	喜温暖、湿润的环境，不耐寒，要求肥沃、疏松、排水良好的沙壤土	花冠白色带紫色条纹，春夏开花，观赏盆花

续表

序号	植物名称	种类	科名	生态习性	观赏特性及园林用途
272	洋常春藤	常绿灌木	五加科	喜温暖、湿润及半阴环境，要求肥沃、湿润而又良好的土壤，不耐干燥、寒冷	花黄白色，果黑色，花期10月，作地被植物，攀缘墙垣及假山
273	野迎春	常绿灌木	木犀科	喜温暖向阳、空气湿润，要求土层深厚肥沃及排水良好的土壤，稍能耐阴，不甚耐寒	花淡黄色，芳香，花期3～4月，观赏花木
274	竹叶椒	常绿灌木	芸香科	喜温暖湿润和半阳环境，要求湿润肥沃而排水良好的土壤，忌水涝	花小、黄色，花期5～6月，果红色，观赏或绿篱
275	爆仗竹	常绿灌木	玄参科	喜光喜温暖，忌水湿，也不耐旱，忌夏季强光暴晒	叶卵圆形，花鲜红色，盆栽观赏

续表

序号	植物名称	种类	科名	生态习性	观赏特性及园林用途
276	凤尾兰	常绿灌木	龙舌兰科	喜阳光，适应性强，耐寒，耐旱，耐土壤瘠薄	花自下而上次第开放，乳白色
277	球兰	常绿灌木	萝藦科	喜温暖湿润、轻度庇荫环境，不耐寒，喜排水良好疏松土壤，冬季半休眠	花伞形，白色，花期夏季，盆栽，攀援于墙壁
278	金苞爵床	常绿灌木	爵床科	喜温暖阴湿环境，不耐霜冻，要求肥沃、疏松、排水良好的沙质壤土	叶狭卵形，亮绿色，花白色，盆栽、树坛
279	琴叶喜林芋	常绿灌木	天南星科	喜高温、高湿的环境，不耐寒，极耐阴，要求肥沃、疏松、排水良好的微酸性土壤	叶深绿色有光泽，盆栽，图腾柱植物

续表

序号	植物名称	种类	科名	生态习性	观赏特性及园林用途
280	竹节蓼	常绿灌木	蓼科	常绿直立灌木，喜温暖，不耐霜冻，喜阴	花绿色成簇，浆果红色似樱桃，花果期5～6月，室内装饰
281	紫绿叶	常绿灌木	爵床科	喜高温、多湿的环境，不耐寒，不耐旱，要求肥沃、疏松、排水良好的沙质壤土	叶缘深绿色，叶脉白至黄色，花橙黄色，盆栽观叶植物
282	倒挂金钟	常绿灌木	柳叶菜科	喜日照充足、冬暖夏凉、湿润的环境，忌炎热高温	叶卵状披针形，花有红到紫各色，盆栽
283	哈克木	常绿灌木	山龙眼科	喜温暖干燥，好阳光、耐半阴，有一定耐寒性	叶圆柱状针形，花小，白色，花期2～4月，盆景
284	虎刺	常绿灌木	仙人掌科	喜温暖、湿润环境，较耐阴，不耐寒冻，畏烈日曝晒	花色白或淡红，有香气，观叶盆栽

续表

序号	植物名称	种类	科名	生态习性	观赏特性及园林用途
285	花叶万年青	常绿灌木	天南星科	喜高温、高湿及半阴的环境，要求肥沃、疏松、排水良好和富含有机质的土壤	观叶植物
286	金边瑞香	常绿灌木	瑞香科	喜阴，不耐寒，怕高温伴随的高湿，烈日后潮湿易引起萎缩	叶披针形，深绿色，有光泽，边缘金黄，盆栽观赏
287	金弹	常绿灌木	芸香科	好阳光，喜温暖湿润，稍畏寒，要求土层深厚肥沃、排水良好的中性、微酸性沙质土壤	叶厚而硬、深绿色，花白芳香，果大而圆金黄，盆景
288	金丝梅	常绿灌木	藤黄科	喜光树种，耐寒忌涝	叶卵状，花较大，观赏花木，盆栽

续表

序号	植物名称	种类	科名	生态习性	观赏特性及园林用途
289	金丝桃	常绿灌木	藤黄科	喜光树种、略耐阴，喜温暖湿润	叶长椭圆形，花鲜黄色，花期6月，观赏花木，盆栽
290	阔叶十大功劳	常绿灌木	小檗科	喜温暖，能耐阴，喜湿润排水良好之土壤，耐寒性强	叶狭披针形，花小黄色，浆果圆形蓝黑色，绿篱
291	喜花草	常绿灌木	爵床科	喜温暖、湿润的环境，耐阴，不耐寒	花淡蓝或白色，花期冬季，盆栽观赏花卉
292	燕子掌	常绿灌木	景天科	喜温暖，耐干旱，不耐寒，喜光、耐半阴	叶边缘紫红色，花白色变红，盆栽观赏植物
293	夜香树	常绿灌木	茄科	喜光，喜温暖，不耐霜冻，要求肥沃沙质土，不耐旱，也怕水湿	花黄绿色，夜间浓香

续表

序号	植物名称	种类	科名	生态习性	观赏特性及园林用途
294	月季花	常绿灌木	蔷薇科	喜光，喜通风、排水良好环境，喜酸性沙壤土，较耐寒，冬季休眠	矮灌木，花期 5～10 月，花红至白色，花色艳丽，花坛、花镜、庭园、假山
295	朱槿	常绿灌木	锦葵科	喜温暖湿润气候，阳光充足，不耐霜冻，要求排水良好的土壤	花鲜红色或粉红色，盆栽观赏花木
296	变叶木	常绿灌木	大戟科	喜高温湿润气候和光照充足环境	叶形和颜色变异很大，由线形至椭圆形，观叶盆栽
297	红千层	常绿灌木	桃金娘科	喜温暖，畏严寒	叶互生，新叶嫩红色，花期 5～6 月，观赏植物
298	红桑	常绿灌木	大戟科	好阳光，不耐寒，忌水湿，喜温暖气候肥沃土壤	叶阔卵形，花淡紫色，盆栽观叶

续表

序号	植物名称	种类	科名	生态习性	观赏特性及园林用途
299	九里香	常绿灌木	芸香科	喜温暖湿润气候，要求阳光充足，好湿润肥沃及排水良好的土壤，耐阴，不耐寒	叶倒卵形，深绿色，花白色芳香，花期5～6月，盆栽观赏
300	白花夹竹桃	常绿灌木或小乔木	夹竹桃科	喜光，喜温暖湿润气候，不耐寒，耐旱力强，对土壤适应性强	叶形似竹叶，花洋红色，花期5～11月，观赏树种
301	茶花	常绿灌木或小乔木	山茶科	喜半阴，喜温暖，湿润气候	叶翠绿光泽，花白色有香气，花期10～11月，观赏花木
302	瓜子黄杨	常绿灌木或小乔木	黄杨科	耐阴，萌芽力强，耐修剪	绿篱，大型花坛镶边，点缀山石
303	桂花	常绿灌木或小乔木	木犀科	阳性、耐半阴，喜温暖湿润气候，不耐严寒和干旱	花黄白色、浓香，花期9月；庭园观赏，盆栽

续表

序号	植物名称	种类	科名	生态习性	观赏特性及园林用途
304	红花檵木	常绿灌木或小乔木	金缕梅科	喜光、稍耐阴，喜湿润肥沃的微酸性土壤，适应性强，耐寒，耐旱	叶、花均为紫红色，花期4～5月，林缘、山坡路旁栽种
305	大叶黄	常绿灌木或小乔木	木犀科	喜温暖、湿润气候，稍耐阴，不耐寒，抗污染，耐修剪	花白色，花期6月；绿篱，行道树，工厂绿化
306	垂花悬铃花	常绿灌木或小乔木	锦葵科	喜温暖湿润、阳光充足环境，也略耐阴，不耐霜寒	叶长卵形，下垂，鲜红色，盆栽观赏花木
307	冬青卫矛	常绿灌木或小乔木	卫矛科	喜光、耐阴，要求湿润的海洋气候，以及排水良好、湿润肥沃的土壤，适应性强，较耐寒，耐干燥瘠薄	叶倒卵形，有光泽，花绿白色，花期6～7月，绿篱、盆栽

续表

序号	植物名称	种类	科名	生态习性	观赏特性及园林用途
308	红花夹竹桃	常绿灌木或小乔木	夹竹桃科	喜光，喜温暖湿润气候，不耐寒，耐旱力强，对土壤适应性强	花洋红色，有香气，观赏树种
309	木犀	常绿灌木或小乔木	木犀科	好光、耐半阴，喜温暖、湿润和避风环境，不耐寒干旱，要求土壤肥沃疏松排水良好，忌积水	花黄白色，芳香，花期9～10月，观赏花木，盆栽
310	南美稔	常绿灌木或小乔木	桃金娘科	喜阳光、好温暖、稍耐阴，越冬最低温度能耐－9℃以上，适生于排水良好、湿润的土壤	叶椭圆形，花外白色内紫色，花期5月，观赏树种
311	西府海棠	常绿灌木或小木	蔷薇科	喜光、不耐阴，喜温暖湿润气候，不耐寒，忌水涝	小枝紫色，花色如胭脂渐淡，花期4月，观赏花木

续表

序号	植物名称	种类	科名	生态习性	观赏特性及园林用途
312	线柏	常绿灌木或小乔木	柏科	对阳光的要求属中性而略耐阴，喜温凉湿润气候，喜温润土壤	绿化观赏树木，可作盆景
313	重瓣夹竹桃	常绿灌木或小乔木	夹竹桃科	喜光，耐旱，喜肥沃而排水良好土壤，不耐水湿	花洋红色，花期 5 ～ 11 月，观赏树种和抗污染树种
314	日本珊瑚树	常绿灌木或小乔木	忍冬科	好阳光，亦能耐阴，喜温暖湿润气候	花小，花冠白色芳香，核果红色，绿篱，风景树
315	山茶	常绿灌木或小乔木	山茶科	喜肥沃湿润、排水良好的微酸性土壤，不耐碱性土，对海潮风有一定抗性	花大，有红色淡红白色，花期 4 月，观赏花木

续表

序号	植物名称	种类	科名	生态习性	观赏特性及园林用途
316	金桂	常绿灌木或小乔木	木犀科	喜光、稍耐阴，喜温暖和通风良好的环境，不耐寒，喜湿润排水良好的砂质壤土，忌涝地、碱地和黏重土壤	花期仲秋，香飘数里，作假山、草坪、院落
317	假叶树	常绿小灌木	百合科	喜光，耐干燥，不耐寒，宜在微酸性的沙壤土生长	叶为鳞片状，花小白色，盆栽观赏
318	白马骨	常绿小灌木	茜草科	喜温暖阴湿环境，不耐寒，要求排水良好的肥沃沙质壤土	叶狭椭圆形，花冠白色带红晕，观赏花木，盆景
319	六月雪	常绿小灌木	茜草科	稍耐阴，萌芽力强，耐剪，不耐寒	叶成簇，花冠白色带红晕，作花镜、花篱、点缀山石

续表

序号	植物名称	种类	科名	生态习性	观赏特性及园林用途
320	北美香柏	常绿小乔木	柏科	喜光、稍耐阴，较耐寒，适生在含石灰质的潮湿地，耐瘠薄干燥，不耐水淹	树冠圆锥形，绿化树种
321	黄花夹竹桃	常绿小乔木	夹竹桃科	喜温暖、湿润、阳光充足，但也能耐半阴，对土壤要求不严，但要排水良好	花冠漏斗状，黄色，花期夏秋，盆栽观赏
322	铁树（苏铁）	常绿小乔木	苏铁科	常绿暖带喜光树种，耐干不耐寒	—
323	厚皮香	常绿小乔木	山茶科	能耐阴，适应性强，喜酸性土壤	花淡红色，有浓香，花期6月，观赏花木
324	锦松	常绿小乔木	松科	好光，喜凉爽的气候和湿度较大的环境，耐干燥瘠薄，忌水涝	树形扭曲苍劲，观赏树种，盆景

续表

序号	植物名称	种类	科名	生态习性	观赏特性及园林用途
325	三尖杉	常绿小乔木	三尖杉科	喜荫庇，宜排水好之沙壤地生长	种子紫色，观果树种，宜风景林中作下层树种配置
326	白鹃梅	常绿小乔木或灌木	蔷薇科	弱阳性，喜温暖气候，较耐寒	花白色、美丽，花期4月；庭园观赏，丛植
327	鹅掌柴	常绿小乔木或灌木	五加科	好阳光、稍耐阴，喜温暖湿润气候，不耐寒，要求排水良好、肥沃、偏酸性土壤	花白色芳香，花期冬季，观赏，掩蔽树种
328	柑桔	常绿小乔木或灌木	芸香科	喜温暖湿润气候，耐寒性较柚、酸橙、甜橙稍强	枝叶茂盛，春季花香，作庭园、绿地、风景区
329	枸骨	常绿小乔木或灌木	冬青科	弱阳性，抗有毒气体，生长慢	绿叶红果，甚美丽；作基础种植，丛植，盆栽

续表

序号	植物名称	种类	科名	生态习性	观赏特性及园林用途
330	夹竹桃	常绿小乔木或灌木	夹竹桃科	阳性，喜温暖湿润气候，抗污染	花粉红，花期 5～10 月，庭院观赏，花篱，盆栽
331	南天竺	常绿小乔木或灌木	小檗科	中性，耐阴，喜温暖湿润气候，耐寒	枝叶秀丽，秋冬红果；庭园观赏，丛植，盆栽
332	枇杷	常绿小乔木或灌木	蔷薇科	弱阳性，喜温暖湿润，不耐寒	叶大荫浓，初夏黄果；庭园观赏，果树
333	石楠	常绿小乔木或灌木	蔷薇科	弱阳性，喜温暖，耐干旱瘠薄	嫩叶红色，秋冬红果；庭园观赏，丛植
334	油橄榄	常绿小乔木或灌木	木犀科	性耐高温和干旱，喜夏季炎热干燥、冬季温暖而光照充足的环境	花小白色芳香，核果圆形紫黑色，观果树种
335	月桂树	常绿小乔木或灌木	樟科	喜温暖向阳地，能耐寒怕水涝	花小黄色，花期 4 月，作绿墙分隔空间、隐蔽遮挡

续表

序号	植物名称	种类	科名	生态习性	观赏特性及园林用途
336	栀子花	常绿小乔木或灌木	茜草科	中性，喜温暖气候及酸性土壤	花白色、浓香，花期6～8月；庭园观赏，花篱
337	棕竹	常绿小乔木或灌木	棕榈科	阴性，喜温湿的酸性土，不耐寒	观叶；庭园观赏，丛植，基础种植，盆栽
338	粗榧	常绿小乔木或灌木	三尖杉科	喜温暖阴湿环境，要求排水良好、湿润肥沃土壤，耐寒性弱，萌芽力强	叶条形，花期3～4月
339	大叶黄杨	常绿小乔木或灌木	卫矛科	中性，喜温湿气候，抗有毒气体，较耐寒，耐修剪	观叶；绿篱，基础种植，丛植，盆栽
340	短穗鱼尾葵	常绿小乔木或灌木	棕榈科	喜温暖湿润，较耐寒，不耐干旱，要求排水良好、疏松肥沃的土壤	叶淡绿色，盆栽

续表

序号	植物名称	种类	科名	生态习性	观赏特性及园林用途
341	海桐	常绿小乔木或灌木	海桐花科	中性，喜温湿，不耐寒，抗海潮风	白花、芳香，花期5月；基础种植，绿篱，盆栽
342	雀舌黄杨	常绿小乔木或灌木	黄杨科	中性，喜温暖，不耐寒，生长慢	枝叶细密；庭园观赏，丛植，绿篱，盆栽
343	洒金珊瑚	常绿小乔木或灌木	山茱萸科	阴性，喜温暖湿润，不耐寒，对烟尘和大气污染抗性强	叶有黄斑点，果红色；庭园观赏，盆栽
344	云南黄素馨	常绿小乔木或灌木	木犀科	中性，喜温暖，不耐寒	枝拱垂，花黄色，花期4月；庭院观赏，盆栽
345	丝兰	常绿小乔木或灌木	龙舌兰科	喜阳光，适应性强，耐寒，耐旱	花乳白色，花期6～7月；庭园观赏，丛植
346	狭叶十大功劳	常绿小乔木或灌木	小檗科	喜光、稍耐阴，耐寒性强	花黄色，果蓝黑色；庭园观赏，丛植，绿篱

续表

序号	植物名称	种类	科名	生态习性	观赏特性及园林用途
347	茶梅	常绿小乔木或灌木	山茶科	弱阳性，喜温暖气候及酸性土壤	花白、粉、红色，花期11～1月；庭园观赏，绿篱
348	黄杨	常绿小乔木或灌木	黄杨科	中性，抗污染，耐修剪，生长慢	枝叶细密；庭园观赏，丛植，绿篱，盆栽
349	蚊母树	常绿小乔木或灌木	金缕梅科	喜光、稍耐阴，喜温暖湿润气候，耐寒性不强，对土壤要求不严	树冠开展，花于新叶后开放，花期4月，大乔木下种植
350	斗球花	灌木	忍冬科	落叶或半常绿，稍耐荫，宜湿润肥沃地	树枝圆整，春日繁花聚簇，孤植
351	菱叶绣线菊	落叶灌木	蔷薇科	喜光、稍耐阴，较耐干旱瘠薄，忌湿涝，对土壤要求不严	叶菱状，花白色集成，花期4月，观赏花木，花篱

续表

序号	植物名称	种类	科名	生态习性	观赏特性及园林用途
352	雀梅藤	落叶灌木	鼠李科	喜温暖湿润气候，不择土质，耐瘠薄干燥，在半阴处生长尤盛	花小，淡黄色，芳香，花期10月，绿篱，棚架绿化，盆景
353	腊梅	落叶丛生灌木	腊梅科	阳性，喜温暖，耐干旱，忌水湿	花黄色、浓香，花期11～3月；庭园观赏，果树
354	夏腊梅	落叶灌木	腊梅科	喜温暖阴湿环境，忌阳光和强光照晒	花浅碟形至碗形，园林中疏林下种植观赏
355	白棠子树	落叶灌木	马鞭草科	好光，喜温暖、湿润，较耐寒、耐阴，对土壤要求不严，适应性强，耐干燥瘠薄，怕水涝	叶倒卵形，花粉红色，花期8月，绿化树种

续表

序号	植物名称	种类	科名	生态习性	观赏特性及园林用途
356	大花溲疏	落叶灌木	虎耳草科	多生于丘陵或低山山坡灌丛中，喜光、稍耐阴，耐寒，耐旱，对土壤要求不严	花大色白，花期4月，庭园观赏，山坡地水土保持树种
357	金叶女贞	落叶灌木	木犀科	喜光、稍耐阴，较耐寒，抗有毒气体	绿篱，庭园栽植观赏，宅院
358	老鸦柿	落叶灌木	柿科	喜温暖湿润和半阴环境，耐寒、耐旱，对土壤要求不严，酸性、中性、石灰质土和轻盐碱土都能生长	果小橙红色，光泽，果期10月，观果树种
359	马甲子	落叶灌木	鼠李科	喜光，喜温暖湿润气候，不耐寒	叶卵圆形淡绿色有光泽，花小黄绿色，作篱垣

续表

序号	植物名称	种类	科名	生态习性	观赏特性及园林用途
360	棉花柳	落叶灌木	杨柳科	喜光，耐寒、耐水湿	花芽肥大，先叶开放外红色内银白色，观芽植物
361	牡荆	落叶灌木	马鞭草科	喜光，能耐半阴，适应性强，耐寒，耐干燥瘠薄土壤	幼枝四菱形绿色，花淡紫色，花期6～8月，绿化树种，盆景
362	木瓜海棠	落叶灌木	蔷薇科	喜光、能耐阴，耐寒耐旱，不耐水涝	花猩红或淡红间乳白色果大黄绿色香味，孤植丛植
363	七姐妹	落叶灌木	蔷薇科	阳性，喜温暖，较耐寒，半常绿	叶较大，花深红色，花期5～6月，攀缘篱垣、棚架等
364	青灰叶下珠	落叶灌木	大戟科	喜阳、也耐阴，适应性强，对土壤要求不严	花淡绿色簇生，浆果球形，庭院布置

续表

序号	植物名称	种类	科名	生态习性	观赏特性及园林用途
365	小蜡	落叶灌木	木犀科	喜光、稍耐阴，较耐寒，北京小气候良好地区能露地栽植，抗二氧化硫等多种有毒气体。耐修剪	绿化树种
366	野蔷薇	落叶灌木	蔷薇科	喜光，耐半阴，好肥也能耐瘠薄，不耐水涝	花多，白或粉红色，果红色，花期5～6月，作花篱或丛栽
367	蝴蝶戏珠花	落叶灌木	忍冬科	喜温暖湿润气候，稍耐阴，较耐寒，适宜湿润、排水良好而富含腐殖质的肥沃土壤	花冠白至淡黄色，红果圆形，花期5月；观赏花木

续表

序号	植物名称	种类	科名	生态习性	观赏特性及园林用途
368	山麻杆	落叶灌木	大戟科	喜光、稍耐阴，喜温暖湿润气候，对土壤要求不严，但要排水良好，好生于湿润肥沃之地	叶紫红色，观叶树种
369	水麻	落叶灌木	荨麻科	好光、稍耐阴，喜温暖湿润气候，耐水湿	配置林缘或疏林下
370	米仔兰	落叶灌木	楝科	喜温暖、湿润、阳光充足的环境，能耐半阴	叶倒卵形，花黄色球形浓香，花期夏秋，观赏花木
371	枸杞	落叶灌木	茄科	阳性，耐寒，耐干旱，忌水湿	花淡紫色，浆果红色，花期5～10月
372	海仙花	落叶灌木	忍冬科	弱阳性，喜温暖，颇耐寒	花黄白变红，花期5～6月，庭园观赏，草坪丛植

续表

序号	植物名称	种类	科名	生态习性	观赏特性及园林用途
373	缫丝花	落叶灌木	蔷薇科	喜阳、稍耐阴，耐寒性较弱，对土壤要求不严，适应性强	花粉红色，果球形色黄，花期 5～6 月，树丛配植、花篱
374	黄金条	落叶灌木	木犀科	喜光树种，适应性强，喜湿润肥沃土壤	花黄色，先叶开放，花期 3～4 月，早春观赏花木
375	兰香草	落叶灌木	马鞭草科	喜阳光、耐半阴，较耐旱，在排水良好的土壤上生长良好，耐寒性较弱	叶卵形，花小芳香蓝紫色，花期 8～9 月，作花镜、花坛
376	紫叶小檗	落叶灌木	小檗科	喜光、稍耐阴，耐寒，对土壤要求不严，而以在肥沃而排水良好之沙质壤土上生长最好	叶深紫色，春季开小黄花，盆栽观赏

续表

序号	植物名称	种类	科名	生态习性	观赏特性及园林用途
377	绣球	落叶灌木	虎耳草科	喜温暖湿润的半阴环境	边花绿白色、水红色或紫蓝色，花期6～7月，盆栽观赏
378	通脱木	落叶灌木	五加科	喜光、较耐阴，喜温暖湿润、深厚肥沃的沙质土壤，较耐寒，不耐水湿	叶大，花小色白，果紫黑色，路旁庭院边缘大树下栽植
379	朱蕉	落叶灌木	龙舌兰科	喜温暖、湿润、半阴的环境，喜微酸性的沙壤土	花淡红色或青紫色，花期5～6月，盆栽观叶
380	铁海棠	落叶灌木	大戟科	喜温暖、阳光充足环境，不耐寒，忌积水，怕曝晒，喜疏松肥沃沙质壤土	盆栽观赏

续表

序号	植物名称	种类	科名	生态习性	观赏特性及园林用途
381	鸡麻	落叶灌木	蔷薇科	中性,喜温暖气候,较耐寒	花白色,花期4～5月;庭园观赏,丛植
382	白丁香	落叶灌木	木犀科	喜光、稍耐阴,阴地能生长,耐寒性较强,耐干旱,忌低湿,喜湿润、肥沃、排水良好的土壤	花白色,观赏花木
383	李叶绣线菊	落叶灌木	蔷薇科	喜光、稍耐阴,亦耐干燥、寒冷,喜排水良好、湿润肥沃的土壤,不耐水涝	花白色伞形,花期4月,观赏花木,花篱
384	省沽油	落叶灌木	省沽油科	喜阴凉潮湿环境。耐寒,怕热,夏季高温叶片容易灼伤,要求湿润排水良好的壤土	花带白色,有香气,花期4～5月,观赏花木,配置树丛旁

续表

序号	植物名称	种类	科名	生态习性	观赏特性及园林用途
385	算盘子	落叶灌木	大戟科	喜阳也耐阴，耐湿、耐旱、较耐寒，适应性强	庭院布置和盆景
386	卫矛	落叶灌木	卫矛科	喜光、稍耐阴，浅根性，萌芽力强，不择土壤	花淡黄绿色，花期5～6月，观赏树种，盆景
387	紫丁香	落叶灌木	木犀科	喜光而耐半阴，喜湿润而排水良好的沙质壤土和石灰质土壤，耐旱、怕涝，抗寒性强，但不耐高温、湿热	花紫色、芳香，观赏花木
388	重瓣白玫瑰	落叶灌木	蔷薇科	喜光，耐旱，喜肥沃而排水良好土壤，不耐水湿	花白色，花期5～6月，观赏花卉，花镜、花坛、花篱

续表

序号	植物名称	种类	科名	生态习性	观赏特性及园林用途
389	猬实	落叶灌木	忍冬科	好光，也耐半阴，喜温凉湿润环境，耐寒、抗旱，怕水涝和高温，要求湿润肥沃及排水良好的土壤	花粉红、玫瑰红，花期8～9月，栽培观赏，盆栽
390	簸箕柳	落叶灌木	杨柳科	喜光，不耐庇荫，好潮湿，稍耐盐碱	叶披针形，根系发达，巩固堤岸、防风固沙
391	红花锦鸡儿	落叶灌木	豆科	性喜光、很耐寒、耐旱燥瘠薄土地	花黄色带紫红或淡红色，花期4～5月，作绿篱，盆景
392	鸡树条	落叶灌木	忍冬科	喜阳光，也耐阴，耐寒性强，宜夏凉湿润气候	花白色，果球鲜红色，经久不落，观花赏果花木
393	素心蜡梅	落叶灌木	木兰科	喜光亦略耐阴，较耐寒，耐干旱，忌水湿	花为黄色，花期11月，建筑物入口处两侧等栽植

续表

序号	植物名称	种类	科名	生态习性	观赏特性及园林用途
394	五加	落叶灌木	五加科	喜温暖湿润的环境及深厚肥沃的土壤，耐阴、耐寒，不耐水涝	花小，黄绿色，浆果黑色，配植树丛林缘和假山旁
395	西洋山梅花	落叶灌木	虎耳草科	喜温暖湿润、半阴环境，较耐寒，怕水涝，要求缓坡排水良好而肥沃的壤土，忌曝晒或过于干燥的瘠薄土壤	花乳白色、芳香，花期5～6月，观赏花木
396	香荚	落叶灌木	忍冬科	喜光、耐半阴，忌夏季阳光直射，耐寒忌积水	花白色、芳香，花期3～4月，观赏树木，盆栽

续表

序号	植物名称	种类	科名	生态习性	观赏特性及园林用途
397	云实	落叶灌木	豆科	喜光而稍耐阴，不耐寒，适应性较强，对土壤要求不严，能耐瘠薄，在排水良好、疏松肥沃土壤生长旺盛	花冠鲜黄色，篱垣材料
398	八仙花	落叶灌木	虎耳草科	喜阴湿，不耐寒，喜排水好之微酸土壤	叶鲜绿色，花边绿白色、水红色或紫蓝色，观赏花
399	鸡蛋花	落叶灌木或小乔木	夹竹桃科	喜高温、高湿气候，要求向阳的环境和排水良好的肥沃壤土，能耐干旱，不耐寒	花冠乳白色、芳香，花期7～8月，盆栽观赏

续表

序号	植物名称	种类	科名	生态习性	观赏特性及园林用途
400	狭叶山胡椒	落叶灌木或小乔木	樟科	喜光，耐干旱瘠薄，忌水渍	观赏树种
401	鹰爪豆	落叶灌木或小乔木	豆科	喜温暖湿润气候，怕寒冻，怕炎热，忌水湿，对土壤要求不严，但要排水良好	花金黄色、芳香，花期6月，观赏植物
402	火炬漆	落叶灌木或小乔木	漆树科	喜光而稍耐阴，喜湿、耐旱、抗寒，并耐盐碱	花序鲜红色，花期5～7月，观赏树木
403	野鸦椿	落叶灌木或小乔木	省沽油科	喜温暖湿润和半阴环境，适应性强，耐干燥、瘠薄，忌水涝，在排水良好、湿润肥沃的壤土上生长良好	花黄绿色，花期5～6月，观赏树种

续表

序号	植物名称	种类	科名	生态习性	观赏特性及园林用途
404	月季石榴	落叶灌木或小乔木	石榴科	喜光，喜温暖气候，有一定耐寒能力，喜肥沃湿润而排水良好之石灰质土壤	花红色，花期5～9月，每月开花一次，庭院点缀和盆景
405	枳	落叶灌木或小乔木	芸香科	耐寒，喜湿润而深厚肥沃的土壤，略耐盐碱，不耐瘠薄干燥或低洼积水	花白色、芳香，先叶开花，果球形橙红色，花期4～5月，绿篱
406	沙枣	落叶灌木或小乔木	胡颓子科	阳性，耐寒性强，耐干旱、低湿及盐碱	叶银白色，花黄色，花期7月；庭荫树，风景树
407	山茱萸	落叶灌木或小乔木	山茱萸科	喜光、稍耐阴，较耐湿，宜肥沃、疏松的沙质壤土，耐寒	花先叶开放，金黄色，核果深红色，观果树种

续表

序号	植物名称	种类	科名	生态习性	观赏特性及园林用途
408	重瓣溲疏	落叶灌木或小乔木	虎耳草科	喜光而稍耐阴，耐寒，抗旱	花瓣白色，外轮淡紫红色，花期5～6月，观赏灌木，花篱
409	大花六道木	落叶灌木及小乔木	忍冬科	喜光、稍耐阴，较耐寒，对土壤要求不严，但在深厚肥沃土壤上生长旺盛，怕水涝	叶卵状长椭圆形，花白色，花期7～8月，绿篱，盆栽
410	猫乳	落叶灌木及小乔木	鼠李科	喜光、稍耐阴，适合一般土壤，耐干旱、瘠薄，不耐水涝	叶卵形，花小，黄绿色、簇生，花期6月，庭院树
411	马褂木	落叶乔木	木兰科	喜温暖潮湿、避风的环境，耐寒性强，忌高温	叶形似马褂，花黄绿色，庭荫树和林荫树

续表

序号	植物名称	种类	科名	生态习性	观赏特性及园林用途
412	欧洲白栎	落叶乔木	壳斗科	喜光、耐寒、耐旱，喜排水良好、土层深厚和肥沃的土壤	观赏树种
413	浙江七叶树	落叶乔木	七叶树科	半阴性深根树种，喜温暖湿润气候，较耐寒，要求排水良好、湿润肥沃土壤	花白色，花期 5 月，庭院观赏树和行道树
414	散沫花	落叶小灌木	千屈菜科	喜光、极不耐寒，喜温暖湿润气候和疏松肥沃的土壤	花小，白色、浅红、淡绿色，极芳香，花期 6 月
415	美丽胡枝子	落叶小灌木	豆科	喜光而稍耐阴，耐干旱、瘠薄，也耐水湿	小枝有棱，花冠紫色或玫瑰红色，花期 8～9 月，观赏植物

续表

序号	植物名称	种类	科名	生态习性	观赏特性及园林用途
416	红叶李	落叶小乔木	蔷薇科	喜光树种耐半阴，畏严寒，喜温暖湿润	叶紫红色，建筑物前、园路旁、草坪角隅处
417	八角枫	落叶小乔木	八角枫科	喜光而稍耐阴，要求排水良好、湿润肥沃土壤	叶卵形，花黄白色，观赏树木
418	李	落叶小乔木	蔷薇科	喜光、稍耐阴，耐寒性较强，喜肥沃湿润而排水良好的粘质壤土	花白色先叶开放，果球状黄或红色，花期7～8月，观赏果树
419	红碧桃	落叶小乔木	蔷薇科	喜光、耐旱，不耐水湿	花红色，山坡、水畔、石旁、庭园、草坪
420	红梅	落叶小乔木	蔷薇科	喜光、稍耐阴，好温暖湿润气候	花粉红色，花期1～2月，盆栽桩景

续表

序号	植物名称	种类	科名	生态习性	观赏特性及园林用途
421	青枫	落叶小乔木	槭树科	较耐阴、耐干旱,不耐水涝,喜湿润肥沃土壤	枝细长,紫色、淡紫绿色,花紫色,花期4月,观叶,盆栽
422	白梅	落叶小乔木	蔷薇科	喜光、略耐阴,好温暖湿润气候	花期12～3月,花白、水红、肉红、桃红
423	碧桃	落叶小乔木	蔷薇科	阳性,耐干旱,耐高温,不耐水湿	花粉红,重瓣,3～4月;庭植,片植,列植
424	寿星桃	落叶小乔木	蔷薇科	喜光,耐旱,耐夏季高温,较耐寒,不耐水淹	树形矮小,枝粗叶密,花红或白色,花期3～4月,观赏花木
425	暴马丁香	落叶小乔木或灌木	木犀科	阳性,耐寒,喜湿润土壤	花白色,花期6月;庭园观赏,庭荫树,园路树

续表

序号	植物名称	种类	科名	生态习性	观赏特性及园林用途
426	柽柳	落叶小乔木或灌木	柽柳科	喜光，不耐荫庇，好潮湿，抗干旱和炎热气候，稍耐盐碱	花粉红色，花期5～8月；庭园观赏，绿篱
427	垂丝海棠	落叶小乔木或灌木	蔷薇科	阳性、不耐阴，喜温暖湿润，耐寒性不强，忌水涝	花鲜玫瑰红色，花期4～5月；庭园观赏，丛植
428	垂枝桃	落叶小乔木或灌木	蔷薇科	喜光，耐寒，耐旱，耐高温，不耐水涝	枝下垂，花有白、淡红、深红、撒金
429	棣棠	落叶小乔木或灌木	蔷薇科	喜温暖，耐阴，耐湿，耐寒性较差	花金黄，花期4～5月，枝干绿色；丛植，花篱
430	丁香	落叶小乔木或灌木	木犀科	弱阳性，耐寒，耐旱，忌低湿	花紫色，香，花期4～5月；庭园观赏，草坪丛植

续表

序号	植物名称	种类	科名	生态习性	观赏特性及园林用途
431	杜鹃	落叶小乔木或灌木	杜鹃花科	中性，喜温湿气候及酸性土	花深红色，花期4～6月；庭园观赏，盆栽
432	粉花绣线菊	落叶小乔木或灌木	蔷薇科	阳性，喜温暖气候，较耐寒，稍耐阴	花粉红花，花期6～7月；庭园观赏，丛植
433	海棠花	落叶小乔木或灌木	蔷薇科	喜光，不耐阴，喜温暖湿润气候，不耐寒，忌水涝	花粉红，单或重瓣，花期4月；庭园观赏
434	海州常山	落叶小乔木或灌木	马鞭草科	喜凉爽、湿润、向阳的环境，适应性强	白花，花期6～10月；紫萼蓝果，果期9～11月；庭植
435	胡枝子	落叶小乔木或灌木	豆科	中性，耐寒，耐干旱瘠薄，但喜肥沃土壤和湿润气候	花紫红，花期8月，庭园观赏，护坡，林带下木

续表

序号	植物名称	种类	科名	生态习性	观赏特性及园林用途
436	花椒	落叶小乔木或灌木	芸香科	阳性，喜温暖气候，不耐严寒	丛植，刺篱
437	黄刺玫	落叶小乔木或灌木	蔷薇科	性强健，喜光，耐寒，耐旱，耐贫薄，少病虫害	花黄色，花期4～5月；庭园观赏，丛植，花篱
438	黄栌	落叶小乔木或灌木	漆树科	中性，喜温暖气候，耐寒，耐干旱，不耐水湿	霜叶红艳美丽；庭园观赏，片植，风景林
439	火棘	落叶小乔木或灌木	蔷薇科	阳性，喜温暖湿润气候，不耐寒	春白花，秋冬红果；基础种植，岩石园
440	接骨木	落叶小乔木或灌木	忍冬科	喜光、稍耐阴，喜肥沃疏松沙质土壤，较耐寒、耐旱	花小，白色，花期4～5月，秋果红色；庭园观赏

续表

序号	植物名称	种类	科名	生态习性	观赏特性及园林用途
441	连翘	落叶小乔木或灌木	木犀科	阳性，耐寒，耐干旱，怕涝	花黄色，花期3～4月，叶前开放；庭园观赏，丛植
442	麻叶绣线菊	落叶小乔木或灌木	蔷薇科	中性，喜温暖气候	花小，白色美丽，花期4月；庭园观赏，丛植
443	麦李	落叶小乔木或灌木	蔷薇科	阳性，较耐寒，适应性强，耐干燥贫薄，忌水涝	花粉、白色，花期4月，果红色；庭园观赏，丛植
444	毛刺槐	落叶小乔木或灌木	豆科	阳性，耐寒，喜排水良好土壤	花紫粉，花期6～7月；庭园观赏，草坪丛植
445	木槿	落叶小乔木或灌木	锦葵科	阳性，喜水湿土壤，较耐寒，耐旱耐修剪，抗污染	花淡紫、白、粉红色，花期7～9月；丛植，花篱

续表

序号	植物名称	种类	科名	生态习性	观赏特性及园林用途
446	山桃	落叶小乔木或灌木	蔷薇科	阳性，耐寒，耐干旱，耐碱土	花淡粉、白色，花期 3～4 月；庭园观赏，片植
447	四照花	落叶小乔木或灌木	山茱萸科	中性，喜温暖气候，有一定耐寒力	花黄白色，花期 5～6 月，秋果粉红；庭园观赏
448	溲疏	落叶小乔木或灌木	虎耳草科	弱阳性，喜温暖，耐寒性不强	花白色，花期 5～6 月，庭园观赏，丛植，花篱
449	贴梗海棠	落叶小乔木或灌木	蔷薇科	阳性，喜温暖气候，较耐寒	花粉、红色，花期 4 月，秋果黄色；庭园观赏
450	文冠果	落叶小乔木或灌木	无患子科	中性，耐寒和干旱，不耐涝	花白色，花期 4～5 月；庭园观赏，丛植，列植
451	雪柳	落叶小乔木或灌木	木犀科	中性，耐寒，适应性强，耐修剪	花小白色，花期 5～6 月；绿篱，丛植，林带下木

续表

序号	植物名称	种类	科名	生态习性	观赏特性及园林用途
452	樱花	落叶小乔木或灌木	蔷薇科	阳性，较耐寒，不耐烟尘和毒气	花粉白，花期4月；庭园观赏，丛植，行道树
453	樱桃	落叶小乔木或灌木	蔷薇科	喜光，耐寒，喜温暖湿润的气候，喜肥沃而排水良好的沙质土壤，耐瘠薄干燥	花先叶开放，白色，核果红色，花期3～4月
454	迎春	落叶小乔木或灌木	木犀科	性喜光，稍耐阴，较耐寒，喜温湿	花黄色，早春叶前开放；庭园观赏，丛植
455	榆叶梅	落叶小乔木或灌木	蔷薇科	弱阳性，耐寒，耐干旱	花粉、红、紫色，花期4月；庭园观赏，丛植，列植
456	羽毛槭	落叶小乔木或灌木	槭树科	中性，喜温暖气候，不耐寒	树冠开展，叶片细裂；庭园观赏，盆栽

续表

序号	植物名称	种类	科名	生态习性	观赏特性及园林用途
457	珍珠梅	落叶小乔木或灌木	蔷薇科	耐阴，耐寒，对土壤要求不严	花小白色，花期6～8月；庭园观赏，丛植，花篱
458	紫荆	落叶小乔木或灌木	豆科	阳性，耐干旱瘠薄，不耐涝	花紫红，花期3～4月叶前开放；庭园观赏，丛植
459	紫穗槐	落叶小乔木或灌木	豆科	阳性，耐水湿，干瘠和轻盐碱土	花暗紫，花期5～6月；护坡固堤，林带下木
460	紫薇	落叶小乔木或灌木	千屈菜科	喜光、稍耐阴，耐旱，忌湿涝	花紫、红色，花期7～9月；庭园观赏，园路树
461	紫叶李	落叶小乔木或灌木	蔷薇科	弱阳性，喜温暖气候，较耐寒	叶紫红色，花淡粉红，花期3～4月；庭园点缀
462	蝴蝶树	落叶小乔木或灌木	忍冬科	中性，耐寒，耐干旱	花白色，花期4～5月，秋果红色；庭园观赏

续表

序号	植物名称	种类	科名	生态习性	观赏特性及园林用途
463	木芙蓉	落叶小乔木或灌木	锦葵科	中性偏阴，喜温湿气候及酸性土，不耐寒耐水湿	花粉红色，花期9～10月；庭园观赏，丛植，列植
464	牛奶子	落叶小乔木或灌木	胡颓子科	喜光又耐阴，抗旱性强，耐修剪	秋果橙红、红色；庭园观赏，绿篱，林带下木
465	平枝栒子	落叶小乔木或灌木	蔷薇科	喜凉爽和半阴环境，耐寒，适应性强	匍匐状，秋冬红果；基础种植，岩石园
466	石榴	落叶小乔木或灌木	石榴科	喜温暖、湿润，畏风、寒，好光，耐旱	花红色，花期5～6月，果红色；庭园观赏，果树
467	无花果	落叶小乔木或灌木	桑科	中性，喜温暖气候，不耐寒	庭园观赏，盆栽
468	小檗	落叶小乔木或灌木	小檗科	中性，耐寒，耐高温、干旱，耐修剪	花淡黄色，花期5月，秋果红色；庭园观赏，绿篱

续表

序号	植物名称	种类	科名	生态习性	观赏特性及园林用途
469	醉鱼草	落叶小乔木或灌木	醉鱼草科	好光，喜温暖湿润气候，抗旱、耐寒，亦耐半阴，忌水涝	花紫色，花期6～9月；庭园观赏，草坪丛植
470	锦带花	落叶小乔木或灌木	忍冬科	阳性，也耐阴，耐寒，耐干旱，怕涝	花玫瑰红色，花期4～5月；庭园观赏，草坪丛植
471	锦带花	落叶小乔木或灌木	木兰科	阳性，喜温暖，较耐严寒，不耐阴，怕水淹	花大紫色，花期4～5月；庭园观赏，丛植
472	佛肚树	落叶小乔木或灌木	大戟科	喜高温、干燥、阳光充足和排水良好的砂砾土，不耐寒	叶掌状盾形，盆栽花木
473	二乔木兰	落叶小乔木或灌木	木兰科	阳性，喜温暖气候，较耐寒	花白带淡紫色，花期3～4月；庭园观赏，丛植

续表

序号	植物名称	种类	科名	生态习性	观赏特性及园林用途
474	金钟花	落叶小乔木或灌木	木犀科	阳性，喜温暖气候，较耐寒	花金黄色，花期 3～4 月叶前开放；庭园观赏，丛植
475	红枫	落叶小乔木或灌木	槭树科	中性，喜温暖气候，不耐水涝，较耐干旱	叶常年紫红色；庭园观赏，盆栽
476	红羽毛枫	落叶小乔木或灌木	槭树科	中性，喜温暖气候，不耐水湿	树冠开展，叶片细裂；红色；庭园观赏，盆栽
477	山楂	落叶小乔木或灌木	蔷薇科	弱阳性，耐寒，耐干旱瘠薄土壤，忌水涝	春白花，秋红果；庭园观赏，园路树，果树
478	盐肤木	落叶小乔木或灌木	漆树科	生于低山坡干燥砂砾地，怕水涝	花小黄白色，核果橙红色，花期 8 月，观赏树木
479	羽扇槭	落叶小乔木或灌木	槭树科	好光，耐半阴。喜温暖湿润气候和排水良好、肥沃、湿润的土壤	花带紫红色，花期 4～5 月，观赏树木

续表

序号	植物名称	种类	科名	生态习性	观赏特性及园林用途
480	笑靥花	落叶小乔木或灌木	蔷薇科	喜光，稍耐阴，适应性强，耐寒冷、耐干燥、不耐水涝	花小，白色美丽，花期4月；庭园观赏，丛植
481	东京樱花	落叶小乔木或灌木	蔷薇科	阳性，较耐寒，不耐烟尘	花粉红色，花期4月；庭园观赏，丛植，行道树
482	鸡爪槭	落叶小乔木或灌木	槭树科	中性，喜温暖气候，不耐寒	叶形秀丽，秋叶红色；庭园观赏，盆栽
483	结香	落叶小乔木或灌木	瑞香科	喜半阴，也耐日晒，根肉质，怕水涝	花黄色、芳香，花期3～4月叶前开放；庭园观赏
484	金银木	落叶小乔木或灌木	忍冬科	好光，稍耐阴，耐寒，耐干旱，萌蘖性强	花白、黄色，花期5～7月，秋果红色；庭园观赏
485	锦鸡儿	落叶小乔木或灌木	豆科	中性，耐寒，耐干旱瘠薄	花橙黄，花期4月；庭园观赏，岩石园，盆景

续表

序号	植物名称	种类	科名	生态习性	观赏特性及园林用途
486	木瓜	落叶小乔木或灌木	蔷薇科	阳性，喜温暖，不耐低湿和盐碱土，耐寒，耐旱	花粉红色，花期4～5月；秋果黄色；庭园观赏
487	糯米条	落叶小乔木或灌木	忍冬科	中性，喜温暖，较耐寒，耐修剪，不耐水涝	花白带粉、芳香，花期8～9月；庭园观赏，花篱
488	太平花	落叶小乔木或灌木	虎耳草科	弱阳性，耐寒，怕涝	花白色，花期5～6月；庭园观赏，丛植，花篱
489	桃	落叶小乔木或灌木	蔷薇科	阳性，耐干旱，不耐水湿	花粉红色，花期3～4月；庭园观赏，片植，果树
490	天目琼花	落叶小乔木或灌木	忍冬科	中性，耐寒性强	花白色，花期5～6月，秋果红色，庭植观花观果

续表

序号	植物名称	种类	科名	生态习性	观赏特性及园林用途
491	野茉莉	落叶小乔木或灌木	安息香科	喜光，稍耐阴，耐干燥、瘠薄，不耐水淹。对土壤适应性强	花白色，花期5月，观赏树种
492	玉兰	落叶小乔木或灌木	木兰科	阳性，稍耐阴，颇耐寒，怕积水	花大、洁白，花期3～4月；庭园观赏，对植，列植
493	郁李	落叶小乔木或灌木	蔷薇科	阳性，耐寒，耐干旱	花粉、白色，花期4月，果红色；庭园观赏，丛植
494	月季	落叶小乔木或灌木	蔷薇科	喜光，好湿润、肥沃土壤，较耐寒，忌荫庇	花红、紫色，花期5～10月；庭园观赏，丛植，盆栽
495	枣	落叶小乔木或灌木	鼠李科	喜光，好干燥气候，耐热，不耐水涝，能耐盐碱	花小黄绿色，果紫红色，花期5～6月，庭荫树

续表

序号	植物名称	种类	科名	生态习性	观赏特性及园林用途
496	柘树	落叶小乔木或灌木	桑科	喜光，稍耐阴，适应性强，耐寒、耐干旱、耐贫瘠	果球形红色，刺篱材料
497	红瑞木	落叶小乔木及灌木	山茱萸科	中性，耐寒，耐湿，也耐干旱	茎枝红色美丽，果白色；庭园观赏，草坪丛植
498	小叶女贞	落叶小乔木及灌木	木犀科	中性，喜温暖气候，较耐寒	花小、白色，花期5～7月；庭园观赏，绿篱
499	牡丹	落叶小乔木及灌木	芍药科	中性，耐寒，要求排水良好土壤	花白、粉、红、紫色，花期4～5月；庭园观赏
500	玫瑰	落叶小乔木及灌木	蔷薇科	阳性，耐寒，耐干旱，不耐积水	花紫红色，花期5月；庭园观赏，丛植，花篱
501	梅	落叶小乔木及灌木	蔷薇科	阳性，喜温暖气候，怕涝，寿命长	花红、粉、白色，芳香，花期2～3月；庭植，片植

续表

序号	植物名称	种类	科名	生态习性	观赏特性及园林用途
502	斑叶绿萝	常绿藤本	天南星科	喜温暖、湿润环境，极耐阴，不耐寒	叶斜卵形，深绿色，盆栽植物，可作悬挂或图腾植物
503	南五味子	常绿藤本	木兰科	喜温暖湿润气候，不耐寒	花淡黄色芳香果聚合成球状深红色，垂直绿化地被
504	炮仗花	常绿藤木	紫葳科	中性，喜暖热，不耐寒	花橙红色，夏季；攀缘棚架、墙垣、山石等
505	中华常春藤	常绿藤木	五加科	性极耐阴，有一定的耐寒性，对土壤和水分要求不高，喜酸性土壤	绿叶长青；攀缘墙垣、山石等
506	薜荔	常绿藤木	桑科	耐阴，喜温暖气候，不耐寒，常绿	绿叶长青；攀缘山石、墙垣、树干等

续表

序号	植物名称	种类	科名	生态习性	观赏特性及园林用途
507	木通	落叶或半常绿藤木	木通科	耐阴，喜排水良好湿润肥沃土壤	花暗紫色，花期4月；攀缘篱垣、棚架、山石
508	三叶木通	落叶或半常绿藤木	木通科	耐阴，喜排水良好、湿润肥沃的土壤	花暗紫色，花期5月；攀缘篱桓、棚架、山石
509	蔓性八仙花	落叶藤本	虎耳草科	喜阴湿，不耐寒，喜排水好之微酸土壤	叶卵形，花期4～6月，植于园墙、假山
510	美国地锦	落叶藤本	杜英科	喜温暖气候，有一定耐寒能力，耐阴，生长势旺盛，但攀缘力较差	秋季叶红，垂直绿化墙面、山石及老树干
511	山铁线莲	落叶藤本	木通科	原种及小种均性强健，适应性强，生长迅速，故栽培管理上可较粗放	花白色，花期5～6月

续表

序号	植物名称	种类	科名	生态习性	观赏特性及园林用途
512	圆锥铁线莲	落叶藤本	木通科	性强健，耐寒	枝叶秀美，花大有香气，根可入药
513	中华猕猴桃	落叶藤本	猕猴桃科	落叶木质藤本，喜阳光，稍耐阴，较耐寒	花色由白转淡黄色，有香味，浆果褐绿色，花期5～6月，棚架绿化材料
514	葡萄	落叶藤本	葡萄科	阳性，耐干旱，怕涝	果紫红或黄白，花期8～9月；攀缘棚架、栅篱等
515	五叶地锦	落叶藤木	葡萄科	耐阴，耐寒，喜温湿气候	秋叶红、橙色；攀缘墙面、山石、栅篱等
516	爬山虎	落叶藤木	葡萄科	耐阴、耐寒、适应性强，落叶	秋叶红、橙色；攀缘墙面、山石、树干等
517	多花紫藤	落叶藤木	豆科	阳性，耐干旱，畏水涝，主根深，侧根浅	花紫色，花期4月；攀缘棚架、枯树，盆栽

续表

序号	植物名称	种类	科名	生态习性	观赏特性及园林用途
518	南蛇藤	落叶藤木	卫矛科	中性，耐寒，性强健	秋叶红、黄色；攀缘棚架、墙垣等
519	紫藤	落叶藤木	豆科	喜光，耐干旱，畏水淹	花堇紫色，花期4月；攀缘棚架、枯树等
520	牵牛	藤本	旋花科	喜温暖、向阳环境，不耐霜冻，耐干旱，耐瘠薄土壤	花色有紫、蓝、红、白，花期春夏，棚架、盆栽
521	铁线莲	藤本	毛茛科	喜光，喜肥沃、疏松、排水良好的石灰质土壤，耐寒性较差	花白色或乳白色，花期夏季，攀缘墙篱、凉亭花架
522	龟背竹	藤本	天南星科	喜温暖、湿润、半阴环境，忌直射光，不耐寒	叶大，深绿色，有菠萝香味，室内观叶植物

续表

序号	植物名称	种类	科名	生态习性	观赏特性及园林用途
523	绿萝	藤本	天南星科	喜温暖、湿润的环境，耐半阴，要求肥沃、疏松、排水良好的土壤	叶卵形，绿色有光泽，观叶、图腾柱
524	盾叶天竺葵	藤本	牻牛儿苗科	喜光，喜温暖，不耐霜冻	叶盾状，花近白色、粉红、红色，花期3～4月，盆栽，吊盆
525	贯月忍冬	藤本	忍冬科	喜光，不耐寒，适宜排水良好、湿润肥沃疏松土壤	花冠外橘红色，内黄白色，花期晚春至早秋，盆栽
526	粉花凌霄	藤本	紫葳科	喜温暖湿润气候，不耐寒，稍耐轻霜，温室栽培中温暖向阳通风的环境	花冠漏斗状，白色，花期7～10月，属优良盆花

续表

序号	植物名称	种类	科名	生态习性	观赏特性及园林用途
527	常春藤	藤木	五加科	阳性,喜温暖,不耐寒,常绿	绿叶长青;攀缘墙垣、山石,盆栽
528	凌霄	藤木	紫葳科	中性,喜温暖,稍耐旱,落叶	花橘红、红色,花期6～9月;攀缘墙垣、山石等
529	美国凌霄	藤木	紫葳科	中性,喜温暖,耐寒,耐干旱、水湿,深根性	花橘红色,花期7～8月;攀缘墙垣、山石、棚架
530	叶子花	藤木	紫茉莉科	阳性,喜暖热气候,不耐寒,不耐阴,常绿	花红、紫色,花期6～12月;攀缘山石、园墙、廊柱
531	斑竹	竹类	禾本科	阳性,喜温暖湿润气候,稍耐寒	竹秆有紫褐色斑;庭园观赏
532	紫竹	竹类	禾本科	耐寒,亦耐阴,忌积水	秆灰绿色;庭园观赏

续表

序号	植物名称	种类	科名	生态习性	观赏特性及园林用途
533	佛肚竹	竹类	禾本科	地下茎单轴丛生，喜温暖湿润，不耐寒，要求排水良好、肥沃、疏松、湿润的壤土	盆栽装饰庭院，盆景
534	桂竹	竹类	禾本科	阳性，喜温暖湿润气候，稍耐寒	秆散生，庭园观赏
535	花毛竹	竹类	禾本科	喜温暖湿润气候，喜肥沃、深厚、排水良好的酸性沙土壤	叶翠常青，植于庭园曲径、池畔、溪涧、山坡、石际等
536	黄槽竹	竹类	禾本科	阳性，喜温暖湿润气候，较耐寒	竹秆节间纵槽内黄色；庭园观赏

续表

序号	植物名称	种类	科名	生态习性	观赏特性及园林用途
537	黄金嵌碧竹	竹类	禾本科	适应性较强，耐-20℃低温，在干旱瘠薄地，植株呈低矮灌木状	秆色泽美丽，庭院观赏
538	阔叶箬竹	竹类	禾本科	丛状散生，高50～60cm	栽植观赏或地被绿化
539	毛竹	竹类	禾本科	阳性，喜温暖湿润气候，不耐寒	秆散生，高大；庭园观赏，风景林
540	矢竹	竹类	禾本科	喜温暖湿润气候和背风向阳环境，稍耐阴，忌水涝，土壤要求疏松、深厚、肥沃湿润并排水良好	观赏竹类

续表

序号	植物名称	种类	科名	生态习性	观赏特性及园林用途
541	文竹	竹类	百合科	不耐寒、不耐干旱，喜半阴湿润环境和排水良好、肥沃、疏松的沙质壤土	茎细长，丛生，观叶盆栽
542	早园竹	竹类	禾本科	阳性，喜温暖湿润气候，较耐寒	枝叶青翠；庭园观赏
543	大明竹	竹类	禾本科	地下茎为复轴混生，喜温暖湿润气候，稍耐阴，畏严寒，要求向阳避风环境和排水良好、疏松、深厚、肥沃土壤	枝条下垂，叶片狭披针形

续表

序号	植物名称	种类	科名	生态习性	观赏特性及园林用途
544	菲白竹	竹类	禾本科	中性，喜温暖湿润气候，稍耐阴，不耐寒	叶有白色纵条；绿篱，地被，盆栽
545	凤尾竹	竹类	禾本科	中性，喜温暖湿润气候，不耐寒	秆丛生，枝叶细密秀丽；庭园观赏，篱植
546	芦竹	竹类	禾本科	性喜水湿，在盐碱地也能生长	秆直立粗壮，花序大而密绿色或紫色，护堤，观赏
547	蓬莱竹	竹类	禾本科	地下茎合轴丛生，喜温暖湿润，土层深厚、肥沃和排水良好地环境	绿篱，点缀建筑物和假山
548	孝顺竹	竹类	禾本科	中性，喜温暖湿润气候，不耐寒	秆丛生，枝叶秀丽，庭园观赏

续表

序号	植物名称	种类	科名	生态习性	观赏特性及园林用途
549	紫竹	竹类	禾本科	阳性，喜温暖湿润气候，稍耐寒，亦耐阴	竹秆紫黑色；庭园观赏
550	金镶玉竹	竹类	禾本科	竹鞭浅根性，怕水淹，土壤要求疏松、肥沃而排水良好	秆金黄色，观赏竹种，盆栽
551	人面竹	竹类	禾本科	喜温暖湿润气候，较耐寒，忌水涝，要求排水良好、疏松、肥沃土壤	观赏竹种，盆栽盆景
552	雷竹	竹类	禾本科	喜温暖湿润气候，耐霜	姿态优美，生命力强，是一种观赏型的观叶植物
553	刚竹	竹类	禾本科	阳性，喜温暖湿润气候，稍耐寒	枝叶青翠；庭园观赏

续表

序号	植物名称	种类	科名	生态习性	观赏特性及园林用途
554	罗汉竹	竹类	禾本科	阳性，喜温暖湿润气候，稍耐寒忌水涝	竹秆下部节间肿胀或节环交互歪斜；庭园观赏
555	矮雪轮	一、二年生花卉	石竹科	耐寒、喜光	全株白色柔毛，花粉红色，布置花坛或花境
556	半枝莲	一、二年生花卉	马齿苋科	阳性，耐旱喜肥，要求通风好	花色变化丰富，花期5～10月；花坛，花境，切花
557	大花马齿苋	一、二年生花卉	马齿苋科	喜温暖、向阳通风环境，耐干旱，适应性强，能自播繁衍	叶圆柱形，花冠有白、黄、红、紫、粉红、橘黄
558	大麻	一、二年生花卉	桑科	喜温但耐寒力强	叶互生，花黄绿色
559	飞燕草	一、二年生花卉	毛茛科	阳性，喜高燥凉爽，忌涝，耐寒，直根性	叶秀花繁，多黄色，花期5～6月，花带，丛植

续表

序号	植物名称	种类	科名	生态习性	观赏特性及园林用途
560	风铃草	一、二年生花卉	桔梗科	喜冬暖夏凉的气候，不耐炎热，宜疏松、肥沃、排水良好的沙质壤土	花冠有蓝紫、淡红、白色，张开如蝶，花期 6～7 月，盆栽
561	锦紫苏	一、二年生花卉	唇形科	喜温暖向阳，要求湿润、肥沃、疏松的沙质土，不耐寒	叶卵形另狭叶型，叶红紫黄，花淡蓝或白色，观叶
562	毛地黄	一、二年生花卉	玄参科	耐寒，耐旱，耐半阴，喜富含有机质的土壤	花冠筒状，花色紫红、白、黄、淡红，花期 5～6 月，花镜、盆花
563	美女樱	一、二年生花卉	马鞭草科	阳性，喜湿润肥沃，稍耐寒	花色丰富，铺覆地面，花期 6～9 月；花坛，地被

续表

序号	植物名称	种类	科名	生态习性	观赏特性及园林用途
564	三色苋	一、二年生花卉	苋科	喜湿润向阳的环境，耐旱，耐碱，不耐寒	秋天梢叶艳丽，宜丛植，花坛中心，绿篱
565	五色苋	一、二年生花卉	苋科	阳性，喜暖畏寒，宜高燥，耐修剪	株丛紧密，叶小，叶色美丽；毛毡花坛材料
566	午时花	一、二年生花卉	梧桐科	不耐寒，喜高温、充足的阳光，以及湿润肥沃、排水良好的壤土，能自播繁殖	花鲜红色，午时开放，花期6～10月，花坛、花镜，盆栽
567	银边翠	一、二年生花卉	大戟科	阳性，喜温暖，耐旱，忌潮湿，直根性	梢叶白或镶白边，林缘地被或切花
568	虞美人	一、二年生花卉	罂粟科	阳性，喜干燥，忌湿热，直根性	艳丽多彩，花期6月；宜花坛，花丛，花群

续表

序号	植物名称	种类	科名	生态习性	观赏特性及园林用途
569	羽叶茑萝	一、二年生花卉	旋花科	阳性，喜温暖，不耐霜冻，直根蔓性	花红、粉、白色，夏秋；宜矮篱，棚架，地被
570	紫茉莉	一、二年生花卉	紫茉莉科	喜温暖向阳，不耐寒，不耐阴，直根性	花色丰富，芳香，夏至秋；林缘草坪边，庭院
571	翠菊	一、二年生花卉	菊科	喜向阳环境，喜肥沃、排水良好的土壤，耐寒性不强	花色繁多，有白、粉、红、紫、蓝，花期5～6月
572	大花牵牛	一、二年生花卉	旋花科	阳性，喜温暖向阳，不耐寒，较耐旱，直根蔓性	花色丰富，花期6～10月，棚架，篱垣，盆栽
573	凤尾鸡冠	一、二年生花卉	苋科	阳性，喜干热，不耐寒，宜肥忌涝	花色多，花期8～11月；宜花坛，盆栽，干花

续表

序号	植物名称	种类	科名	生态习性	观赏特性及园林用途
574	凤仙花	一、二年生花卉	凤仙花科	阳性，喜暖畏寒，宜疏松、肥沃土壤	花色多，花期6～9月，宜花坛，花篱，盆栽
575	瓜叶葵	一、二年生花卉	菊科	喜光不耐阴；喜温暖不耐寒；喜肥沃深厚土壤	花有粟红色，黄色，棕红紫红，花期7～9月，花镜丛植
576	含羞草	一、二年生花卉	豆科	喜阳光，不耐寒，对土壤适应性强，尤喜湿润肥沃土壤	花紫红色，花期7～9月，观赏植物
577	黄蜀葵	一、二年生花卉	锦葵科	喜光、不耐阴，不耐寒，适应性强，不择土壤	花期1天，花坛背景材料
578	鸡冠花	一、二年生花卉	苋科	阳性，喜干热，不耐寒，宜肥忌涝	花色多，花期8～10月；宜花坛，盆栽，干花

续表

序号	植物名称	种类	科名	生态习性	观赏特性及园林用途
579	金莲花	一、二年生花卉	金莲花科	喜温暖湿润和充足阳光，不耐寒，要求排水良好的土壤	花色白、黄、橙红、大红、深红，花期2～4月，盆栽花坛
580	金纽扣	一、二年生花卉	菊科	不耐寒，喜温暖、湿润、向阳环境，忌干旱，宜疏松、肥沃的土壤	花序卵球形，花期夏秋，花坛、花镜、盆栽
581	金缨绒花	一、二年生花卉	菊科	喜温暖、向阳、湿润环境，不耐寒，耐瘠土	为筒状花，橘黄色，花期5～9月，花镜，地被
582	蜡菊	一、二年生花卉	菊科	不耐寒，喜温暖、向阳环境，喜湿润、肥沃、排水良好的粘质壤土	花色有白、粉红、玫红、黄、橙，花期7～10月，花坛

续表

序号	植物名称	种类	科名	生态习性	观赏特性及园林用途
583	琉璃半边莲	一、二年生花卉	桔梗科	喜湿润、深厚、肥沃土壤，忌酷热、干燥，不耐霜冻	花浅蓝色、紫蓝色，花期四季，花坛、花镜、盆栽
584	茑萝	一、二年生花卉	旋花科	喜温暖、向阳环境，不耐霜冻，耐干旱	花冠高脚碟状，深红色，棚架绿化、盆栽
585	千日红	一、二年生花卉	苋科	阳性，喜干热，不耐寒	花色多，花期6～10月；宜花坛，盆栽，干花
586	扫帚菜	一、二年生花卉	藜科	喜光耐旱耐盐碱，不耐寒	叶秋变红，花小红色，花期7～8月，花坛花镜、盆栽观叶
587	天人菊	一、二年生花卉	菊科	耐干旱、炎热，不耐寒，但能耐早霜，喜光、耐半阴，性强健	花有层次为黄、紫红、紫色，花期2～11月，丛植散植

续表

序号	植物名称	种类	科名	生态习性	观赏特性及园林用途
588	猩猩草	一、二年生花卉	大戟科	喜温暖、干燥、阳光充足环境，不耐寒，要求排水良好肥沃土壤	花红色，花期9～11月为观赏期，花坛、公园街头绿地种植
589	熊耳草	一、二年生花卉	桔梗科	不耐寒，喜温暖环境，遇酷热则生长受抑、开花不良，适宜性较强	花呈蓝、雪青、粉红，花期夏秋，花坛、花镜或盆栽
590	雁来红	一、二年生花卉	苋科	喜湿润向阳及通风良好的环境，耐旱，耐碱，不耐寒	叶暗紫色，秋初变深红色，花期7～10月，观叶植物，花坛、花镜
591	醉蝶花	一、二年生花卉	山柑科	不耐寒，喜肥沃排水良好的沙质壤土，能自播繁衍	花白色至玫瑰紫色，花期7～10月，宜布置花镜和林缘等处

续表

序号	植物名称	种类	科名	生态习性	观赏特性及园林用途
592	待宵草	一、二年生花卉	柳叶菜科	喜光照充足，地势高燥，喜排水良好	花黄色、芳香，花期6～9月；丛植，花坛，地被
593	两色金鸡菊	一、二年生花卉	菊科	耐干旱、瘠薄，能自播繁衍，不喜酷暑，耐寒性不强	花序伞状黄色，花期6～9月，花坛、花镜、地被
594	普通月见草	一、二年生花卉	柳叶菜科	喜光照充足，地势高燥环境，耐寒	花黄色、芳香，花期6～9月；丛植，花坛，地被
595	秋英	一、二年生花卉	菊科	不耐寒，喜温暖，夏季要求凉爽气候，酷热时不开花，要求光线充足，耐瘠土	花有白、粉红、深红、紫红、双色，花期8月～霜降，花镜，草坪

续表

序号	植物名称	种类	科名	生态习性	观赏特性及园林用途
596	瓜叶菊	一、二年生花卉	菊科	喜光，喜凉爽，怕炎热，忌水湿也不耐干旱，不耐霜冻，需温室越冬	花有白、桃红、紫、雪青、蓝色，花期 3～4 月，盆栽
597	万寿菊	一、二年生花卉	菊科	喜温暖阳光充足的环境，耐干旱，在酷暑下生长不良，不能结子，不择土	花淡黄或橙黄，花期 6～11 月，花坛、花镜、盆栽
598	羽衣甘蓝	一、二年生花卉	十字花科	喜阳光充足，肥沃土壤，耐寒性强	叶色丰富有红紫色和白绿色，花黄色，冬季花坛材料
599	荷包花	一、二年生花卉	玄参科	喜光，喜湿润，不耐寒也不耐热，喜肥，忌土壤过湿，忌钙质土	花有黄色、橙黄、猩红，花期 2～5 月，盆栽观花

续表

序号	植物名称	种类	科名	生态习性	观赏特性及园林用途
600	大花三色堇	一、二年生花卉	堇菜科	稍耐半阴，耐寒，喜凉爽	花色丰富艳丽，花期 3～5 月；花坛，花径，镶边
601	蛾蝶花	一、二年生花卉	茄科	喜冬暖夏凉，喜散射光	花有白、浅红、紫色，花期 4～6 月，观赏花卉
602	福禄考	一、二年生花卉	花/科	阳性，喜凉爽，耐寒力弱，忌碱涝	花色繁多，花期 5～7 月；宜花坛，岩石园，镶边
603	花菱草	一、二年生花卉	罂粟科	耐寒，喜冷凉，忌涝，直根性，阳性	叶秀花繁，多黄色，花期 5～6月，花带，丛植
604	金盏花	一、二年生花卉	菊科	喜光，耐瘠薄土壤，耐寒，不耐暑热	花淡黄、黄、橙黄色，花期 12～4 月，早春花坛、盆栽
605	锦团石竹	一、二年生花卉	石竹科	阳性，喜高燥凉爽，耐寒，不耐酷热，忌涝，直根性	花色多，花期 5～6 月，花序长，宜花带，切花

续表

序号	植物名称	种类	科名	生态习性	观赏特性及园林用途
606	三色松叶菊	一、二年生花卉	番杏科	喜阳光充足温暖环境，忌炎热及霜冻	花玫瑰红或白色，花期3～5月，盆栽或花坛
607	三月花葵	一、二年生花卉	锦葵科	喜排水良好的土壤，稍能耐寒，上海地区需保护越冬	花玫瑰红或红色，花坛、花镜、盆栽
608	石竹	一、二年生花卉	石竹科	耐寒，不耐酷热，喜向阳环境	花有红、粉红、紫色、白色，花期4～5月，花坛、花镜
609	蜀葵	一、二年生花卉	锦葵科	喜光耐半阴，耐寒。喜肥沃、深厚土壤。能自行繁衍	花有白、淡黄粉红，橙黄、深红、紫，花期5月，花坛
610	香豌豆	一、二年生花卉	豆科	喜冬季温和湿润、夏季凉爽气候，忌炎热，好中性或微酸良好的土壤	花大芳香，有白、粉红、蓝、紫色，花期4～5月，美化窗台及小型篱棚

续表

序号	植物名称	种类	科名	生态习性	观赏特性及园林用途
611	小天蓝绣球	一、二年生花卉	花荵科	喜温暖，忌酷暑，不耐旱，忌涝，耐寒性不强	花玫红色，花期5～6月，花坛材料，用于岩石园或花镜
612	须苞石竹	一、二年生花卉	石竹科	耐寒，忌炎夏湿热，喜高爽、阳光充足环境	花有白、红、紫红、复色，花期4～6月，花坛、花镜
613	金鱼草	一、二年生花卉	玄参科	喜光、耐半阴，耐寒，不耐酷热；喜疏松肥沃排水良好的土壤，稍耐石灰质	花色白、黄、红、紫及间色，花期5～6月，花坛、花镜
614	矢车菊	一、二年生花卉	菊科	越年生草本，性强健，耐寒，忌酷暑；喜向阳、排水良好的沙质壤土	花有白、红、蓝、紫粉红色，花期6～8月，花坛、花镜

续表

序号	植物名称	种类	科名	生态习性	观赏特性及园林用途
615	黑心金光菊	一、二年生花卉	菊科	喜向阳、通风环境，适应性强，耐寒，耐旱	花期夏秋，花坛、花镜、树坛，草地边缘
616	冰花	一、二年生花卉	番杏科	喜温和干燥环境，不耐寒，不耐积水和黏土	叶狭卵形，花有白、淡黄、淡红、橙红、玫瑰
617	六出花	球根花卉	石蒜科	喜冬季温暖、光线充足、夏季凉爽环境	花黄橙色，喇叭状，花期春夏，新兴切花
618	棒菊	宿根花卉	菊科	喜光，耐热，耐寒，耐湿，耐干瘠土壤	叶线形密集互生，小花紫红色，丛植
619	长春花	宿根花卉	夹竹桃科	喜光，稍耐阴，要求排水良好的土壤，怕水湿，不耐寒	叶倒卵形长圆形，花冠高脚碟状，紫红至红色

续表

序号	植物名称	种类	科名	生态习性	观赏特性及园林用途
620	地星	宿根花卉	凤梨科	喜光或半阴，喜温热，不耐寒，喜疏松富含腐殖质的基质	莲座叶丛平铺地面，花白或绿白色
621	吊兰	宿根花卉	百合科	喜温暖，要求疏松肥沃的沙质壤土，忌直射日光，宜半阴，不耐霜冻	白边吊兰、金心吊兰，观叶盆栽
622	吊竹梅	宿根花卉	鸭跖草科	喜温暖湿润、半阴的环境，耐干旱、不耐霜冻	叶卵形，上有银色宽带条纹，花小，玫瑰红色
623	兜兰	宿根花卉	兰科	喜温暖半阴潮湿环境，不耐寒，喜肥沃、疏松透气排水良好的土壤	花大，盆栽观赏，花期冬季至早春

续表

序号	植物名称	种类	科名	生态习性	观赏特性及园林用途
624	狗牙根	宿根花卉	禾本科	暖地性草种，喜光亦耐半阴，耐寒，也耐湿，适应性强，能生长于各种类型的土壤中	叶片线形，花有灰绿色、淡紫色，花期5～10月，开放性草坪铺设
625	合果芋	宿根花卉	天南星科	喜高温、高湿、半阴的环境，要求肥沃、疏松、排水良好的微酸性土壤	盆栽作图腾柱植物
626	蝴蝶兰	宿根花卉	兰科	喜高温、阴湿、通风环境，喜疏松、排水良好、富含腐殖质的基质，不耐寒	叶广披针形，花白色，花期春夏，温室盆花
627	虎头兰	宿根花卉	兰科	不耐寒，喜温暖湿润、光照较充足环境	花大，浅黄绿色有桂花香气，花期11～4月，盆栽观赏

续表

序号	植物名称	种类	科名	生态习性	观赏特性及园林用途
628	蕙兰	宿根花卉	兰科	较耐寒，喜阴湿润、夏季荫庇、冬季阳光充足环境	花浅黄绿色、芳香，花期4月，盆栽观赏
629	锦绣苋	宿根花卉	苋科	喜光耐半阴，不耐寒	绿色秋后变黄色，暗红色秋后变鲜红色，花期夏秋
630	桔梗	宿根花卉	桔梗科	耐寒，喜湿润、向阳环境，宜肥沃、排水良好的壤土	叶卵形，花冠蓝紫色，花期5～9月，花坛、花镜
631	聚合草	宿根花卉	紫草科	喜光、耐半阴，耐旱，耐寒	叶卵形，花小白淡黄至紫红4～5月，成片栽种作地被
632	卡特兰	宿根花卉	兰科	常绿，喜温暖湿润通气、通风环境，不耐寒	叶肥厚，坚硬，淡绿色，花大有白、粉红、洋红等

续表

序号	植物名称	种类	科名	生态习性	观赏特性及园林用途
633	芦苇	宿根花卉	禾本科	多年生草本植物	喜阴湿，不耐旱
634	蔓生花烛	宿根花卉	天南星科	喜高温、高湿、荫庇的环境。要求肥沃、疏松及排水良好的土壤	叶椭圆形，果浆白色或紫色，图腾柱、吊盆
635	美叶尖萼荷	宿根花卉	凤梨科	喜光和温暖湿润环境，耐阴，根以固定为主，只要叶筒内有水即可生长	莲座叶条形，花淡蓝色渐变红，观叶观花盆栽
636	墨兰	宿根花卉	兰科	喜温暖阴湿环境，喜疏松、通气、肥沃、微酸性土壤，不耐寒，新芽、新叶生长期在春夏	叶直立剑形光泽，花色多变有香气，花期1～3月，盆栽观赏

续表

序号	植物名称	种类	科名	生态习性	观赏特性及园林用途
637	清秀竹芋	宿根花卉	竹芋科	喜高温高湿和半阴的环境，不耐寒，要求疏松、含有机质、有良好的排水性和通气性的土壤	叶上绿色下淡紫色，花白色，花期 8～9 月，观叶植物
638	沙鱼掌	宿根花卉	百合科	不耐霜冻，低温温室越冬，对日照要求不严，耐旱性强，喜排水良好的沙质土壤	花下部带红晕上部绿色，观叶植物
639	石菖蒲	宿根花卉	天南星科	喜阴湿，不耐旱	花白色，浆果黄绿色，芳香
640	天门冬	宿根花卉	百合科	多年生攀缘草本植物，喜温暖潮湿环境，生于阴湿的山野林边、草丛，较耐寒	夏季开黄白色花，浆果熟时红色，观叶

续表

序号	植物名称	种类	科名	生态习性	观赏特性及园林用途
641	条纹蛇尾兰	宿根花卉	百合科	不耐寒，喜气候温暖和阳光充足的环境，耐干燥，忌水湿	花白色，有绿色或粉红色条纹，盆栽观赏
642	万年青	宿根花卉	百合科	喜半阴，畏强光、暴晒，怕涝	花白色、淡绿色，浆果红色，花期5～6月，观赏
643	文殊兰	宿根花卉	石蒜科	喜温暖湿润和荫庇环境，不耐寒，不择土壤	花白色，芳香，花期夏季，盆栽，地栽温室绿地
644	狭叶水塔花	宿根花卉	凤梨科	多年生常绿附生草本植物，喜光，耐半阴，喜温热，需排水良好的栽培基质	花玫瑰红色，花期夏季

续表

序号	植物名称	种类	科名	生态习性	观赏特性及园林用途
645	小叶野决明	宿根花卉	豆科	喜光，稍耐阴，耐寒力弱，适应性强，不择土质，能耐干旱瘠薄	花密，黄色，花期 4 月，盆栽观赏
646	萱草	宿根花卉	百合科	耐寒，可露地越冬，适应性强，喜光，亦耐半阴，耐干旱	花冠橘黄、橘红色，芳香，花期 6～7 月，花坛、花镜、疏林中丛植、行植或片植
647	银苞芋	宿根花卉	天南星科	喜温暖、湿润的环境，不耐寒。耐阴，在弱光条件下也能生长良好，要求肥沃、疏松、排水良好的土壤	作小型室内盆栽

续表

序号	植物名称	种类	科名	生态习性	观赏特性及园林用途
648	玉蝉花	宿根花卉	鸢尾科	耐热，喜光，耐寒性较强，北方需加保护越冬，喜微酸湿润壤土	花色有白、淡红淡蓝、复色等，丛植，水边植物
649	玉簪	宿根花卉	百合科	性强健，耐寒冷，喜阴湿，畏强光直射，耐酷暑	花白色芳香，观叶植物，盆栽观叶观花，花期7～9月
650	蜘蛛抱蛋	宿根花卉	百合科	耐阴性甚强，喜温暖湿润，稍耐霜冻	花紫色，花期4～5月，室内观叶盆栽
651	紫萼	宿根花卉	百合科	性强健，耐寒冷，喜阴湿，畏强光直射，耐酷暑	花紫色，花期7～9月，盆栽观叶观花
652	紫万年青	宿根花卉	鸭跖草科	喜光，喜温暖湿润，不耐霜冻	花白色，花期8～10月，盆栽观赏

续表

序号	植物名称	种类	科名	生态习性	观赏特性及园林用途
653	玻璃翠	宿根花卉	凤仙花科	喜温暖湿润，夏季凉爽的环境，喜半阴，忌积水	叶披针状卵形，花有鲜红、粉红、玫瑰红、雪青
654	朝天椒	宿根花卉	茄科	喜光照充足、温热干燥的环境和肥沃湿润的土壤，不耐寒	叶卵状披针形，花纯白至暗白，盆栽观果，花坛
655	赤胫散	宿根花卉	蓼科	喜光但耐阴，耐瘠薄	叶卵形，叶色多变，花白色或淡红色
656	大花烟草	宿根花卉	茄科	喜光，耐半阴，喜温暖和长日照，不耐寒	叶卵形，花冠高脚碟状，粉白色，浓香，花期春秋
657	大丽花	宿根花卉	菊科	喜光，喜疏松排水良好的沙质壤土，怕积水，不耐寒，忌酷暑	叶对生，花色有白、黄、橙、红、紫，花期6～10月

续表

序号	植物名称	种类	科名	生态习性	观赏特性及园林用途
658	非洲堇	宿根花卉	苦苣苔科	喜温暖、湿润、荫庇的环境，不耐寒和强光照，要求肥沃、疏松、排水良好的中性或酸性土壤	花有白色、玫瑰红、暗红、紫蓝，全年开花，盆栽
659	风车草	宿根花卉	莎草科	喜温暖水湿环境	花期夏秋，盆栽观叶
660	扶郎花	宿根花卉	菊科	性喜温和阳光充足环境，喜肥沃、疏松的微酸性土壤	花有白、粉、黄、橙、大红，盆栽，丛植
661	广东万年青	宿根花卉	天南星科	喜温暖、湿润及半阴环境，要求肥沃、疏松、排水良好的微酸性土壤，不耐寒	盆栽或瓶插观赏

续表

序号	植物名称	种类	科名	生态习性	观赏特性及园林用途
662	海芋	宿根花卉	天南星科	喜高温、高湿及半阴环境，要求肥沃、疏松、排水良好的微酸性土壤	叶大，茎粗壮，盆栽观赏
663	寒兰	宿根花卉	兰科	喜温暖湿润环境，春夏新芽新叶	叶直立性强，花色多变，香气，冬季开花，盆栽
664	红背竹芋	宿根花卉	竹芋科	喜高温、潮湿和半阴的环境，要求疏松、肥沃、排水良好的土壤	叶紫红色，花白色，适宜盆栽装饰居室
665	红秋葵	宿根花卉	锦葵科	喜温暖、通风、透光的环境，要求排水良好的土壤，不耐寒，可露地宿根越冬	花玫瑰红至洋红色，花期9月，丛植

续表

序号	植物名称	种类	科名	生态习性	观赏特性及园林用途
666	虎尾兰	宿根花卉	龙舌兰科	喜温暖，不耐寒，耐干，喜光，适应性较强	叶直立，深绿，花茎高有香气，盆栽观叶
667	花叶姜	宿根花卉	姜科	喜温暖、湿润、稍阴的环境，要求肥沃、疏松、排水良好的微酸性沙质壤土	花色白芳香，盆栽观赏
668	花叶芋	宿根花卉	天南星科	喜高温、高湿、半阴的环境，不耐寒，要求肥沃、疏松、排水良好和富含有机质的土壤	叶上面绿色具白色、玫瑰红、大红色斑点，观叶植物，花坛

续表

序号	植物名称	种类	科名	生态习性	观赏特性及园林用途
669	花烛	宿根花卉	天南星科	喜高温、高湿和荫庇的环境，忌强烈阳光直射，要求肥沃、疏松、排水良好和富含有机质的土壤	花广心形，色有红、橙黄、粉红、白，全年开花不断，大盆栽观赏
670	火鹤花	宿根花卉	天南星科	喜高温、湿润及荫庇的环境，不耐寒，要求肥沃、疏松、排水良好和富含有机质的培养土	花序红色，温度适合常年开花，盆栽
671	吉祥草	宿根花卉	百合科	喜温暖阴湿，较耐寒不耐涝	叶簇生，花粉红色芳香，浆果鲜红色，地被，盆栽

续表

序号	植物名称	种类	科名	生态习性	观赏特性及园林用途
672	姜花	宿根花卉	姜科	喜温暖、湿润、稍阴的环境，要求肥沃、疏松、排水良好的微酸性沙质土壤	花白色芳香，盆栽或地栽
673	阔叶沿阶草	宿根花卉	百合科	喜阴湿，不耐涝，宜肥沃排水良好沙壤土	叶线形，花淡紫也有白色，浆果球形碧绿，地被
674	麦冬	宿根花卉	百合科	喜半阴地，怕阳光直射，较喜肥，也耐寒	叶丛生，花白色，果碧绿色，花期5～8月，地被植物
675	美人蕉	宿根花卉	美人蕉科	喜高温，怕强风、霜冻，也耐湿	茎叶绿色，花鲜红色橙红色，花期6～9月，花镜、丛植
676	南美天芥菜	宿根花卉	紫草科	喜光，喜温暖，喜肥，温室盆栽，四季有花	花小，白至紫色，花冠漏斗形芳香，花期5～6月，盆栽花卉

续表

序号	植物名称	种类	科名	生态习性	观赏特性及园林用途
677	钱蒲	宿根花卉	天南星科	喜阴湿，稍耐寒	小型观叶盆栽
678	四海波	宿根花卉	番杏科	喜温暖，光线充足环境，耐半阴，耐干旱，不耐寒	盆栽观赏
679	天鹅绒竹芋	宿根花卉	竹芋科	直立多年生草本植物，喜高温、高湿的环境，极耐阴，不耐寒，喜疏松、肥沃、排水良好的土壤	叶大而薄，上粉绿色下淡紫色，观叶植物
680	土麦冬	宿根花卉	百合科	喜温暖湿润，宜生长于肥沃、排水良好和微碱性的沙质壤土，抗寒、抗暑性均好	花直立淡紫色，果黑色，道路、花坛的镶边材料，地被

续表

序号	植物名称	种类	科名	生态习性	观赏特性及园林用途
681	晚香玉	宿根花卉	龙舌兰科	喜光，喜温暖，在上海栽培，因冬季寒冷，块茎休眠，可露天加覆盖物越冬，不择土壤，喜肥，耐盐碱	花色白，芳香，花镜及灌木丛旁
682	竹芋	宿根花卉	竹芋科	喜温暖、湿润和半阴的环境，要求排水良好的土壤	花白色，果褐色，室内观叶植物
683	建兰	宿根花卉	兰科	喜温暖湿润通风环境，喜疏松肥沃酸性土壤	名贵花种，浅黄绿色，香浓，花期7～10月，盆栽观赏
684	竹节海棠	宿根花卉	秋海棠科	喜温暖湿润半阴的环境，忌干燥和土壤水湿	叶暗绿色，花红色，花期4～6月及8～10月，盆栽观赏

续表

序号	植物名称	种类	科名	生态习性	观赏特性及园林用途
685	白脉风信草	宿根花卉	爵床科	喜高温、高湿和半阴环境，不耐寒	叶淡绿色，小花淡黄色，全年开花
686	松鼠尾	宿根花卉	景天科	喜光照充足、温暖、通风良好的环境。畏炎热，耐干旱，怕寒冷，宜排水良好的沙质壤土	叶黄绿色，花小，玫瑰红，盆栽观赏
687	银边草	宿根花卉	禾本科	耐寒、耐肥，稍耐阴，适应性强，对土壤要求不严。夏季停止生长，在上海不见轴穗结籽	绿地树坛内的地被植物，或花坛镶边材料
688	紫竹梅	宿根花卉	鸭跖草科	喜光，喜温暖湿润，不耐霜冻，不择土壤	叶被紫色较浓，花玫瑰红色，花期5～10月，作庭院的地被

续表

序号	植物名称	种类	科名	生态习性	观赏特性及园林用途
689	碧冬茄	宿根花卉	茄科	喜阳光充足、温暖的环境，忌酷暑，不耐寒，忌积水，喜排水良好的沙质土，忌过肥	叶卵形，花白色、红紫蓝色、淡黄色、复色、镶边色，观赏花
690	滨菊	宿根花卉	菊科	耐寒，喜光，喜疏松、排水良好的土壤	花白色，有香气，可作花坛、花镜
691	玻璃海棠	宿根花卉	秋海棠科	喜温暖、湿润、半阴环境，忌炎热和干燥或过于水湿	叶斜卵形，花粉红，盆栽观赏
692	刺毛海棠	宿根花卉	秋海棠科	喜温暖、湿润、荫庇的环境，忌土壤水湿或干旱，不耐高温、干燥和强光	叶斜阔心形，花小而不显，花期5～8月

续表

序号	植物名称	种类	科名	生态习性	观赏特性及园林用途
693	大花天竺葵	宿根花卉	牻牛儿苗科	喜光，喜温暖，但夏季忌酷热及阳光直射	伞形花序，色有白、粉红、紫色，盆栽花卉
694	大吴风草	宿根花卉	菊科	喜半阴、湿润，较耐寒，不择土壤	叶多为基生，盘花色黄，花期 8～10 月，作地被、盆栽
695	大叶落地生根	宿根花卉	景天科	要求温暖、湿润、通风良好的环境，耐干旱，不耐寒，需排水良好沙质壤土	花下垂，钟形，花冠淡紫色，盆栽观赏，花期 6 月、8～9 月、11～12 月
696	吊金钱	宿根花卉	萝藦科	喜温暖、湿润气候，畏强光，宜半阴，不耐霜冻，保护越冬，要求疏松、排水良好土壤	茎细长，悬垂，花小，色紫，花期 3～4 月、9～10 月，悬吊观叶盆栽

续表

序号	植物名称	种类	科名	生态习性	观赏特性及园林用途
697	豆蔻天竺葵	宿根花卉	牻牛儿苗科	喜光，喜温暖，忌土壤水湿	叶三角状卵形，芳香，花小，白色，花期春秋
698	荷兰菊	宿根花卉	菊科	耐寒，喜阳光充足，要求湿润、肥沃、排水良好的沙质壤土	花蓝紫色，还有白、桃红色，花坛、花镜
699	鹤望兰	宿根花卉	芭蕉科	喜温暖湿润，喜光，耐旱，忌潮湿，要求土壤疏松、肥沃	花大，花期夏秋，盆栽观赏
700	射干	宿根花卉	鸢尾科	喜光，耐寒，耐热，喜沙质壤土	花橙色，花期7～8月，植于树木、灌木丛边，花镜
701	四季海棠	宿根花卉	秋海棠科	喜温暖、湿润和半阴的条件，忌土壤水湿	花有红、粉红、白，四季开花，盆栽观赏，花坛

续表

序号	植物名称	种类	科名	生态习性	观赏特性及园林用途
702	藤本天竺葵	宿根花卉	牻牛儿苗科	喜阳光，喜温暖，不耐霜冻	攀缘，花期3～4月，花红色
703	天蓝绣球	宿根花卉	花荵科	喜阳，耐寒，宜疏松、排水良好、稍有石灰质的土壤	花有紫、蓝、深浅红色等，花期7～9月，花镜
704	天竺葵	宿根花卉	牻牛儿苗科	喜温暖湿润和充足阳光，忌水湿及高温，耐轻霜	花有白、粉红、玫瑰红、大红、紫色，花期4～5月花坛
705	香叶天竺葵	宿根花卉	牻牛儿苗科	喜光，喜温暖，忌霜冻，夏季忌炎热	叶有香味，花形小粉红色，花期3～4月，盆栽观叶
706	鸢尾	宿根花卉	鸢尾科	耐寒喜向阳，忌积涝，喜腐殖质丰富土壤	花被雪青色或蓝紫色，4～6月，丛植或花镜

续表

序号	植物名称	种类	科名	生态习性	观赏特性及园林用途
707	钻叶天蓝绣球	宿根花卉	花荵科	喜阳光充足、排水良好环境，不甚耐阴，较寒性强，也抗热	花色有白、桃红，及红、紫，花期3～5月，花镜、花坛的镶边材料，亦可作地被植物
708	菊花	宿根花卉	菊科	耐寒，忌积涝，喜光	花色丰富，花坛、花镜、盆花，花期各异
709	报春花	宿根花卉	报春花科	喜冬季温和湿润、夏季凉爽环境，喜疏松肥沃酸性土壤，凉室（不加温）栽培	叶卵形，花深红、浅红或白色，有香气
710	雏菊	宿根花卉	菊科	喜肥沃、湿润而排水良好的土壤，耐寒不耐酷热	丛株具莲座叶丛，花为白、桃红、大红

续表

序号	植物名称	种类	科名	生态习性	观赏特性及园林用途
711	德国鸢尾	宿根花卉	鸢尾科	喜光，喜凉爽干燥的夏季，忌高温阵雨	花色有白、黄、橙、褐、玫瑰红、紫、蓝，花期5月
712	地中海绵枣儿	宿根花卉	百合科	喜温暖、湿润，但亦耐干旱和霜冻	花被幅形，蓝紫色，花期4～5月，地被、盆栽
713	红花酢浆草	宿根花卉	酢浆草科	喜荫庇、湿润环境，盛夏季节生长缓慢，耐寒性不强	花伞形，淡红和深桃红，花期4～11月，地被用，花坛
714	花毛茛	宿根花卉	毛茛科	喜光耐半阴，喜夏季凉爽气候，忌炎热，较耐寒	花色有白、黄橙、玫红、红色、复色，花期4～5月
715	铃兰	宿根花卉	百合科	不耐霜冻，低温温室越冬，对日照要求不严，耐旱性强，喜排水良好的沙质土壤	花白色、芳香，果球形红色，花期春季，盆栽、林缘、草坪

续表

序号	植物名称	种类	科名	生态习性	观赏特性及园林用途
716	马蹄莲	宿根花卉	天南星科	喜温暖、湿润、稍有荫庇的环境，不耐寒，夏季休眠，要求肥沃、疏松、排水良好土壤	叶箭形，鲜绿色光泽，花黄色马蹄形，花期3～4月，盆栽观赏
717	芍药	宿根花卉	芍药科	喜阳耐寒，能露地越冬，需排水良好土壤	花有白、红、紫粉红、黄色，花期5月，观赏花卉
718	麝香石竹	宿根花卉	石竹科	多年生常绿草本植物，喜光，好温和气候，不耐炎热	花有白、粉红、黄、紫、间色，春秋花坛布置
719	宿根亚麻	宿根花卉	亚麻科	喜光，花在阳光下才能开足，耐寒，喜排水良好、富含腐殖质的土壤	花淡天蓝色，果灰褐色，花期3～5月，花坛、花镜

续表

序号	植物名称	种类	科名	生态习性	观赏特性及园林用途
720	雪片莲	宿根花卉	石蒜科	喜凉爽湿润半阴的环境，性耐寒，喜肥沃而富含腐殖质的土壤，适应性强	花有白、玫瑰红、橙红，花期5月，盆栽或散植于草坪边缘
721	春黄菊	宿根花卉	菊科	耐寒，能耐半阴，适应性强	小花均为金黄色，花期5～7月，布置花坛、花镜
722	大岩桐	宿根花卉	苦苣苔科	喜温暖、湿润及半阴的环境，不耐寒，好肥，要求肥沃、疏松、排水良好的微酸性土壤	叶卵形，花大而美丽，有紫红、大红、洋红、白色，花期5～6月，盆栽
723	番红花	宿根花卉	鸢尾科	喜夏季凉爽、冬季温暖的环境，耐寒性较强，忌炎热及积涝，喜沙质壤土。夏季休眠	花大形，淡紫色，花期2～3月、10～11月，花坛、花镜、盆栽

续表

序号	植物名称	种类	科名	生态习性	观赏特性及园林用途
724	春兰	宿根花卉	兰科	较耐寒，喜阴，不耐直射阳光，喜疏松肥沃的酸性土壤	花浅黄绿色，极香，盆栽观赏
725	鹤顶兰	宿根花卉	兰科	喜温暖阴湿环境，不耐寒，喜肥沃排水良好的酸性土	花大，花色变化，花期春夏，温室盆栽
726	虎眼万年青	球根花卉	百合科	不耐霜冻，喜温暖湿润，喜肥沃、疏松、排水良好的壤土，畏寒，耐半阴，夏季忌阳光直射	花色白，花期7～8月，观叶植物
727	葡萄麝香兰	球根花卉	百合科	要求排水良好、深厚肥沃的沙质壤土上，耐半阴、耐寒	叶稍肉质暗绿色，花密蓝紫色，地被、草坪丛植

续表

序号	植物名称	种类	科名	生态习性	观赏特性及园林用途
728	麝香百合	球根花卉	百合科	喜肥沃湿润、含腐殖质的土壤,底层须有沙石以利排水,防止鳞茎长期积水而腐烂	花大、色白,浓香,花期5月,盆栽花卉
729	西班牙鸢尾	球根花卉	鸢尾科	喜光,喜冬季温暖湿润气候,在上海可露地越冬,忌酷暑和严寒,适宜于沙壤土	花蓝色居多,黄、白、紫次之,终年有花,点缀林缘、花镜
730	仙客来	球根花卉	报春花科	喜冷凉、湿润气候阳光充足环境	花白色、粉红、玫瑰红,有香味,花期春季,盆栽观赏
731	朱顶兰	球根花卉	石蒜科	喜温暖湿润环境,不耐寒,忌积水,喜肥	花有白、玫瑰红、橙红,花期5月,盆栽或散植于草坪边缘

续表

序号	植物名称	种类	科名	生态习性	观赏特性及园林用途
732	葱莲	球根花卉	石蒜科	喜光，喜温暖、湿润，耐半阴，较耐寒，上海可露天栽培	花白色，花期7～11月，作花坛，成片种植作地被
733	唐菖蒲	球根花卉	鸢尾科	喜光，喜温热不耐酷暑，不耐霜冻	花有橙黄、红、紫色，花期5～7月，可丛植
734	网球花	球根花卉	石蒜科	喜温暖、湿润和半阴环境，不耐寒，耐旱，喜排水良好的沙质土	花血红色，盆栽观赏，花期6～7月
735	矮小石蒜	球根花卉	石蒜科	喜半阴湿润，也耐阳光照射，较耐寒，不耐旱，能耐盐碱	花鲜红色，散于林下、草坪一侧或布置花镜

续表

序号	植物名称	种类	科名	生态习性	观赏特性及园林用途
736	白芨	球根花卉	兰科	喜温暖阴湿环境，稍耐寒，忌强光直射，适宜在排水良好、肥沃沙质壤土上生长	茎直立粗壮，花紫红色，花期 4～6 月，作地被，可盆栽
737	君子兰	球根花卉	石蒜科	喜温暖和半阴的环境，不耐寒，忌高温酷暑、强光曝晒，要求土壤通气透水	叶肥厚，花橙红色，浆果紫红色，花期 1～5 月，盆栽观赏
738	雄黄兰	球根花卉	鸢尾科	喜光、喜温热，不耐酷暑，不耐霜冻	花冠深橙红色，花期初夏，丛植于灌木丛，间植于花镜
739	风信子	球根花卉	百合科	喜光，较耐寒，宜肥沃排水良好沙壤土	花有红、黄、白、蓝、紫各色，香气浓郁，花期 3～4 月

续表

序号	植物名称	种类	科名	生态习性	观赏特性及园林用途
740	卷丹	球根花卉	百合科	喜肥沃湿润、含腐殖质、排水良好的土壤	叶披针形，花橙红色，花期初夏，盆栽观赏
741	香雪兰	球根花卉	鸢尾科	喜冬季温和夏季凉爽气候，喜光，要肥沃疏松基质	花色有白、黄、玫瑰红、雪青等，早春开花，冬春切花
742	郁金香	球根花卉	百合科	耐寒，喜肥沃疏松排水良好沙壤土	花有白、黄、橙、红、紫，花期3～5月，丛植，早春花坛
743	球茎海棠	球根花卉	秋海棠科	喜温暖和湿润的环境，不耐高温和寒冷，要求长日照	花有白、黄橙、红、复色，花期7～10月，盆栽观赏